RAPPORTS

AU

COMICE AGRICOLE

DE L'ARRONDISSEMENT D'AGEN

SUR LES ANIMAUX, LES INSTRUMENTS & LES MACHINES

PRÉSENTÉS

AU CONCOURS RÉGIONAL

QUI A EU LIEU A AGEN, DU 9 AU 17 MAI 1870

AGEN

IMPRIMERIE DE PROSPER NOUBEL

M. DCCC. LXXII

RAPPORTS AU COMICE AGRICOLE

DE

L'ARRONDISSEMENT D'AGEN

RAPPORTS

AU

COMICE AGRICOLE

DE L'ARRONDISSEMENT D'AGEN

SUR LES ANIMAUX, LES INSTRUMENTS & LES MACHINES

PRÉSENTÉS

AU CONCOURS RÉGIONAL

QUI A EU LIEU A AGEN, DU 9 AU 17 MAI 1870

AGEN

IMPRIMERIE DE PROSPER NOUBEL

1872

AVANT-PROPOS.

Le Comice agricole de l'arrondissement d'Agen a voulu se rendre compte des enseignements pratiques qui pouvaient résulter, pour la culture locale, du Concours régional dont le chef-lieu du département de Lot-et-Garonne a été le siége, pour la troisième fois, du 9 au 17 mai de l'année 1870. A cet effet, il a désigné des commissions composées d'hommes spéciaux et chargées d'étudier les différentes parties du Concours. Ces commissions se sont acquittées de leur devoir le mieux possible, et ont rendu compte au Comice, chacune par l'organe d'un Rapporteur, du résultat de leurs observations. L'objet de la présente publication est de porter à la connaissance du public agricole ces Rapports, dont l'impression avait été retardée par les circonstances que tout le monde connaît. Aujourd'hui que les préoccupations douloureuses absorbent un peu moins les esprits, nous prenons la liberté de recommander ces travaux consciencieux aux nombreux intéressés qui aiment l'agriculture et qui voudraient qu'elle fût pratiquée avec un succès croissant.

I

RAPPORT

Sur les Animaux reproducteurs des espèces Bovine, Ovine, Porcine & Galline;

PAR M. J.-B. GOUX,

MÉDECIN-VÉTÉRINAIRE DU DÉPARTEMENT, SECRÉTAIRE DU COMICE.

Malgré l'ajournement inattendu du Concours régional et le défaut de nourritures vertes, conséquence des sécheresses persistantes qui, cette année, ont affligé l'agriculture, les animaux présentés à l'exposition ont été nombreux et presque tous de premier choix.

Il en fut autrement dans les deux premiers Concours régionaux d'Agen, en 1853 et en 1863. Je constatai alors que beaucoup d'intrus médiocres déparaient le magnifique ensemble offert par les sujets d'élite. En consultant les notes que je pris à cette époque, je trouve que l'éducation de certains éleveurs était encore à faire. L'expérience des Concours les a formés depuis lors ; et l'on ne voit que les hommes réfractaires à tout enseignement oser présenter aujourd'hui des individus à côte plate, à dos ensellé, à croupe étroite, dont l'infériorité frappe tous les yeux. Le dernier concours en comptait seulement trois ou quatre de cette espèce dans la catégorie des races diverses.

Sur 393 sujets déclarés dans l'espèce bovine, 36 ont manqué à l'appel. Il a manqué 8 lots dans l'espèce ovine, sur 121 déclarations ; 8 dans l'espèce porcine, sur 68 ; 8 dans les oiseaux de basse-cour, sur 169 déclarés. Ces absences ont réduit à 691 le nombre des lots que les diverses sections du jury des animaux ont eu à juger.

Toutes les familles bovines, races de travail, races de boucherie et races aptes à la production du lait, avaient au Concours des représentants fort remarquables. Au premier rang brillait la *race Garonnaise*. On sait qu'elle est propre au travail et à l'engraissement, et qu'on l'élève dans toute sa pureté sur les points du département de Lot-et-Garonne qu'occupent les cantons de Meilhan et de Marmande. Elle rayonne de ce point central, en remontant le fleuve, jusqu'aux environs de Montauban, et, vers le nord, jusque dans la Gironde et sur les bords de la Dordogne, formant une population nombreuse qui, dans le Lot-et-Garonne seulement, compte plus de 200,000 sujets. Les plus habiles éleveurs de cette belle race avaient conduit au Concours les meilleurs types. Comme perfection de formes, ampleur des muscles et finesse des tissus, il n'est pas, croyons-nous, possible de signaler des animaux plus complets que ceux qui ont été exposés par MM. Dan Lawton, Bernède, Buytet, Fautoux, Gajac, Chambaudet, de Meilhan ; Bécot, de Marmande; de Vassal, de Villeneuve ; Rivière, de Golfech, et beaucoup d'autres.

Les produits de cette race, dont la taille moyenne atteint 1 mètre 50, et le poids 500 kil., se caractérisent par la couleur de leur robe *alezan* ou *froment* plus ou moins foncé. Ils ont le mufle rose. Leurs cornes, de couleur blonde, d'une longueur moyenne, sont généralement placées bas et inclinées vers le sol, chez les jeunes animaux ; elles se redressent d'ordinaire avec l'âge. On est souvent obligé d'en couper une pour faciliter l'attache du joug.

A chaque nouvelle exhibition, on peut signaler un progrès

dans le perfectionnement de cette race. Je disais en 1863 : « L'amélioration des lignes, dans la famille Garonnaise, est moins sensible que l'amélioration vers la finesse et la précocité, conséquence de soins généraux mieux entendus et d'une alimentation plus abondante pendant le jeune âge. Aussi les éleveurs doivent-ils redoubler d'attention dans le choix des reproducteurs pour redresser la ligne dorsale trop souvent infléchie, pour élargir la poitrine trop souvent sanglée en arrière des épaules, enfin pour régulariser les aplombs des membres antérieurs que l'on voit assez fréquemment entachés du défaut désigné sous le terme de *pieds panards.* » Ce conseil a été suivi, depuis la dernière exposition, et, si je ne me trompe, ces imperfections sont moins sensibles qu'autrefois. Quant à la précocité, elle s'est accentuée davantage, et la chûte des dents de lait en fournit la preuve incontestable. Appelé à examiner l'âge de presque toutes les bêtes amenées au Concours, j'ai vu des animaux mâles et femelles qui avaient changé les pinces à 20 mois, à 27 mois les premières mitoyennes, à 34 mois les secondes mitoyennes. Cette évolution hâtive est l'attribut des races précoces. On sait, en effet, que chez les familles tardives, les pinces ne tombent qu'à 2 ans, les premières mitoyennes qu'à 3 ans, et les secondes, qu'à 4 ans.

La race Gasconne, qui formait au Concours la seconde catégorie, et qui s'élève surtout dans le département du Gers, porte une robe d'un brun noir. Les femelles ont la couleur plus claire. Le mufle est noir, et la corne des pieds noire et très dure. C'est une belle et bonne famille, moins précoce, moins propre à l'engraissement que la précédente, mais plus apte au travail et plus capable de résister aux longues fatigues. Elle était très bien représentée au Concours par trente-trois taureaux et autant de femelles. Cette famille bovine, primitivement fort rustique, se trouve entre les mains d'éleveurs très intelligents qui l'améliorent rapidement au point de vue de la finesse. La peau, autrefois très rude au toucher et très épaisse, devient souple et mince, les issues ont moins de volume et la chair est plus succulente.

La troisième catégorie était formée par une des familles bovines les plus remarquables de la région. La physionomie gracieuse, les formes élégantes, la robe pommelée de la race Bazadaise, dont le nom indique la provenance, ont frappé tous les visiteurs. Originaire de l'arrondissement de Bazas, dans la Gironde, elle est si bien appréciée des agriculteurs limitrophes, en raison de sa double aptitude au travail et à l'engraissement, qu'elle gagne sensiblement du terrain et qu'on l'élève aujourd'hui avec succès dans plusieurs cantons du Lot-et-Garonne, du Gers, de la Haute-Garonne et des Landes. On lui emprunte des reproducteurs pour faire souche dans les Hautes-Pyrénées et jusque dans l'Ariége. Comme la Garonnaise, elle a le mufle et les paupières rosés ; son manteau de poils est d'un gris très doux, plus foncé au front qui est presque noir. La face interne des cuisses est toute blanche. La taille varie de 1 mètre 38 à 1 mètre 42 centimètres. Les femelles sont petites, mais elles sont meilleures laitières que les vaches des deux familles dont il vient d'être question.

Il s'est produit, au sujet de la race Bazadaise, un incident qui a fait un certain bruit. Le jury a décerné la 1re prime, dans la section des femelles de 1 à 2 ans, à une très belle génisse appartenant à M. de Noaillan, à Lacave (Ariége), chez laquelle existait un développement exagéré du clitoris. Le président du jury a reçu une protestation, dans laquelle il était dit que le prix alloué à cette génisse devait lui être retiré, par la raison que le défaut de conformation, constaté sur ses organes génitaux, pouvait faire logiquement admettre qu'elle serait nymphomane ou taurelière, et conséquemment incapable de servir à la reproduction. On parlait même, je crois, d'hermaphrodisme. Le jury, toutes sections réunies, a délibéré sur cette protestation, après un examen approfondi des organes de la bête incriminée fait par des hommes spéciaux, qui ont présenté les considérations suivantes :

1° Cette génisse a les organes internes de la génération normalement conformés ;

2° Le développement du clitoris est dû, selon toute probabilité, non à des causes congénitales, mais à un accident, soit à une violence extérieure, soit à des frottements réitérés contre un mur ou contre les parois d'une loge, les instincts génésiques s'éveillant de très bonne heure et se montrant très vifs dans la famille Bazadaise ;

3° Il est établi, d'ailleurs, si l'on en juge par analogie, que le développement exagéré du clitoris chez la femelle ne s'oppose nullement à la fécondation plusieurs fois renouvelée ;

4° On remarque, enfin, que les bêtes nymphomanes et stériles, loin de porter un clitoris exagéré, ont le plus souvent cet organe atrophié. Elles ont, en outre, une déformation caractéristique de la partie postérieure du bassin, ce qui est loin d'exister chez la génisse en question, qui est parfaitement conformée.

Le résultat de la délibération a été le maintien de la décision du jury à l'égard de cette génisse.

La 4e catégorie de l'espèce bovine comprenait quatre groupes formés, le premier par la race *Carolaise*, famille originaire de la vallée de Carol, aux environs d'Ax, dans l'Ariège, d'où elle s'étend sur le versant espagnol des Pyrénées-Orientales ; le second, par la race des vallées d'Aure et de Saint-Girons ; le troisième, par la race de Lourdes ; le quatrième, par celle du Béarn et du pays Basque. On voit que ces races s'échelonnent dans la chaîne des Pyrénées de l'est à l'ouest, et, quoique assez voisines l'une de l'autre, elles présentent des caractères distinctifs prononcés, tant au point de vue physique qu'au point de vue des aptitudes.

La race Carolaise ou de la Cerdagne est petite, 1 mètre 30 en moyenne, brune, mufle noir, sabot petit et noir et très solide, d'une remarquable agilité, et essentiellement travailleuse. Son pelage ressemble, à s'y méprendre, à celui de la race Gasconne. Beaucoup pensent que ces deux familles ont des liens de parenté fort étroits, et que l'une descend de l'autre ; c'est sans doute la Gasconne qui a pris plus de développement et de taille après avoir quitté la vallée de l'Ariége et trouvé des nourritures plus abondantes sur les collines du Gers.

La race d'Aure et de Saint-Girons est aussi fort petite, de la couleur du blaireau, et, comme la race de Lourdes, quoique vaillante à l'attelage, elle se classe dans la division des familles aptes à la production du lait. Elle a le mufle rose, ainsi que le tour des yeux, comme la Bazadaise. Elle ressemble à celle-ci, comme la Carolaise ressemble à la Gasconne. Ce joli petit groupe était représenté au Concours par 27 animaux de choix parmi lesquels le jury a distingué ceux de M. de la Faye, à Beaumont-sur-Lèze (Haute-Garonne), et de M. de Noaillan, à Lacave (Ariége).

La race laitière de Lourdes, élevée dans la belle vallée d'Argelès (Hautes Pyrénées), a tout-à-fait la robe de la race Garonnaise : rouge froment, le mufle rose, le pied blond, la tête fine, les cornes minces, courtes, légèrement arquées en avant. Elle est très estimée comme laitière. Les bonnes vaches de cette famille donnent jusqu'à seize litres de lait par jour. La moyenne est de dix à douze litres. Ces vaches, avec les bretonnes, que tout le monde connait à cause de leur manteau pie, fournissent du lait à toutes les villes du Midi.

Les Basses Pyrénées nourrissent la race Béarnaise, qui se distingue par sa couleur froment foncé et ses longues cornes placées en arrière du chignon et montant en demi-spirale. Elle a une grande ressemblance, par le pelage, la forme du corps, la physionomie, l'allure et la légèreté, avec le bœuf Anglais de Devon. Les bœufs Béarnais sont vifs et énergiques. Ils sont remarquables par leur aptitude au travail. Ils atteignent la taille de 1 mètre 45 et le poids de 350 kilogrammes.

La 3e catégorie, formée par les races étrangères pures, était représentée seulement par dix-huit sujets parmi lesquels on a pu remarquer de très jolis spécimens des races laitières d'Ayr et

Hollandaises. Les Anglais d'Ayr étaient en majorité. C'est une charmante race, à la robe pie-alezan, agréablement tachetée, d'un caractère vif et doux, dont les produits sont un véritable ornement sous les grands arbres des parcs verdoyants. Par malheur, cette famille, originaire d'Ecosse, perd, dans notre pays, une bonne part de ses facultés lactifères. Elle n'y trouve pas cette atmosphère de brouillards humides où elle est constamment baignée dans ses montagnes natales. Voilà la raison qui a fait échouer des tentatives d'acclimatement de cette race dans nos contrées méridionales.

Le 1er prix de femelles de deux ans, dans cette catégorie, a été décerné à une belle génisse, rouge et blanche, de la race de *Durham*, appartenant à M. Rivière, de Longueville (Lot-et-Garonne). Le Durham, encore nommé courte-corne, est le type le plus parfait de la bête apte à prendre la graisse : forme cubique, reins très droits, lombes larges, poitrine ample, culotte énorme et bien descendue, membres courts et très fins. Mais pas plus que les Ayr, les Durham ne sont propres à réussir dans nos contrées. Chaque race a besoin d'un milieu spécial hors duquel elle perd ses qualités natives. La seule chose qu'il y ait à faire, c'est d'admirer ces types merveilleux, de savoir gré aux importateurs de nous les offrir comme des modèles à imiter, mais aussi de garder pures de tout croisement nos races locales, bien acclimatées, et de les perfectionner par elles-mêmes en nous inspirant de ces modèles qui ont atteint la perfection.

Dans la sixième catégorie, celle des races diverses pures, nous avons remarqué une vache appartenant à la race Charolaise, que l'on peut recommander comme le type français des bêtes de boucherie. Elle sortait également des étables de M. Rivière. Cette excellente race, originaire des environs de Charolles, dans le département de Saône-et-Loire, et ayant aujourd'hui son centre d'élevage dans la Nièvre, occupe le premier rang parmi les familles bovines françaises, améliorées en vue de l'engraissement et de la précocité. Elle porte une robe blanche, quelquefois tachetée d'un roux très clair. On pouvait parfaitement étudier sur la belle Charollaise de M. Rivière, comme sur la génisse Durham dont il est question plus haut, les vrais caractères de la meilleure bête de boucherie.

Il n'y avait plus guère à remarquer, dans cette catégorie, qu'une vache laitière Bordelaise, appartenant à une famille qui résulte du croisement de la race Hollandaise et de la petite et excellente race Bretonne.

Les vacheries de la banlieue de Bordeaux sont peuplées de spécimens de cette famille, qui fournit tout le lait que l'on consomme journellement dans cette ville.

J'ai entendu beaucoup critiquer la catégorie des croisements divers. Il y a eu cependant des études intéressantes à faire dans cette partie du Concours. On voit là les résultats de l'alliance de deux familles voisines, comme la Garonnaise avec la Bazadaise, la Limousine ou la Gasconne. Chacun sait que ce dernier mariage produit les excellents bœufs de Nérac, très propres au travail et susceptibles de faire une bonne fin à la boucherie.

La deuxième classe, comprenant l'espèce ovine, comptait 114 lots ainsi divisés :

Mérinos et métis-mérinos, mâles	....	8
— femelles	....	3
Races françaises des plaines, mâles	....	13
— femelles	....	11
Races françaises des montagnes, mâles	....	18
— femelles	......	7
Races étrangères pures, mâles	....	21
— femelles	....	9
Croisements divers, mâles	....	15
— femelles	....	9
Total égal	....	114

C'est mieux qu'au Concours régional de 1863, où 57 lots seulement furent admis à concourir.

Quoique renfermant d'excellents types, la 1re catégorie, celle des mérinos et des métis-mérinos était la moins bien représentée. Un prix a dû être réservé dans la section des mâles, où se faisaient pourtant remarquer deux vrais mérinos Rambouillet, à laine supérieure et d'une conformation caractérisque. Le reste était un mélange de sang mérinos et Lauraguais, mélange révélé par la longueur de la mèche.

On pouvait constater, au Concours, la présence de bons représentants de la race Lauraguaise, et facilement distinguer, parmi les animaux exposés de cette famille, deux variétés, l'une rustique, l'autre perfectionnée.

La première sous-catégorie, comprenant les races de montagne, et presque entièrement constituée par des bêtes de la vallée pyrénéenne de Saint-Girons, méritait de sérieux éloges. On a constaté, avec plaisir, dans cette famille rustique, d'heureuses tentatives d'amélioration.

La catégorie des races étrangères pures était uniquement composée de Southdown en assez grand nombre, parmi lesquels les lots venus des bergeries de M. de Bouillé et de M. de Dampierre tenaient le premier rang. Tous ces animaux étaient tondus ; le jury a émis le vœu que l'on fit pour toutes les races ce que l'on fait pour celle-ci. Il est à désirer que tous les produits soient exposés sans laine. Certains exposants laissent leurs animaux non tondus pendant une année entière, et l'appréciation de leurs formes est ainsi plus difficile.

Je signalerai, dans la catégorie des croisements divers, un bélier Dishley-Lauraguais bien réussi et qui, au point de vue de la production de la viande, paraît indiquer la voie où doivent s'engager les éleveurs dans la région qu'habite la famille Lauraguaise. Le groupe des femelles de cette catégorie laissait un peu à désirer.

En général, l'espèce ovine offrait un ensemble satisfaisant ; les types communs et défectueux tendent à disparaître.

Il a été présenté, hors concours, deux lots de Southdown appartenant à M. Dauzat-Dembarrère, de Vizens (Hautes-Pyrénées). Ces animaux nous ont paru mériter quelque attention en ce sens que, d'après les indications qui nous ont été données, ils sont élevés dans les mêmes conditions de nourriture et de rusticité que les bêtes du pays, conditions qui les rendent nécessairement plus capables de résister aux variations de température. Les reproducteurs, empruntés à cette famille, devraient offrir, ce semble, plus de garanties que les béliers de la même race nourris à la bergerie, sans être jamais exposés aux caprices des saisons. A ces titres, la tentative de l'exposant dont il s'agit a droit à de sérieux encouragements, puisqu'elle a pour but l'acclimatement complet des Southdown dans le midi de la France, et les éleveurs de cette région, que préoccupe la question de la production de la viande par les bêtes ovines, la suivront certainement avec un vif intérêt.

Nous terminons cette revue rapide du Concours par les races porcines. Elles étaient bien représentées, depuis la Craonnaise aux énormes oreilles, originaire de la Normandie, jusqu'aux familles anglaises, dont les noms varient à l'infini. Pour se reconnaître, dans cette foule de bêtes pures et croisées, admettons simplement trois types : le *type asiatique*, connu sous le nom de race *chinoise*, *tonquine*, *malaise*, etc., dont l'oreille est petite, le corps trapu et large, les membres très courts, le poil blanc, la précocité extrême, d'où descendent toutes les petites races anglaises ; le *type napolitain*, à poil noir, taille élevée, tête fine, oreilles droites, corps ample et allongé, membres de moyenne longueur, engraissement facile et assez précoce, qui est passé d'Italie en Espagne, sur le plateau central, et dans le midi de la France, en Angleterre, etc. ; et le *type celtique*, dont le nom indique l'origine, résumant toutes les familles de porcs dits de *race commune*, à longues jambes, à corps étroit, à dos tranchant, aux oreilles tombantes, à grosse tête. Toutes les bêtes porcines du Concours, indigènes et étrangères, pouvaient être rattachées à chacun de ces trois types, et le jury en a primé d'excellentes dans chaque catégorie. Chaque type a sa valeur et son usage spécial. Le type celtique lui-même, qui semble si défectueux sous le rapport de la conformation et de la précocité, fournit des femelles très fécondes. Mariées aux verrats du type asiatique, elles donnent des métis suffisamment précoces et de la viande dans une bonne proportion, ce que recherchent surtout les populations rurales de nos contrées.

Les oiseaux de basse-cour formaient cent soixante-un lots très intéressants qui permettaient d'étudier toutes les races de volailles de France : les poules, les pintades, les oies, les canards, les dindons, les lapins, les léporides, etc. Cette partie du Concours a eu constamment le plus grand nombre de visiteuses. On peut citer avec éloges les lots présentés par M. de Gélas, à Saint-Martin-de-Goyne (Gers). Ils ont eu les honneurs de l'exhibition, les premières couronnes dans toutes les sections et le prix d'ensemble. C'était juste. Ses poules Gasconnes, de Houdan, de Padoue, croisées Houdan-Gasconnes, ses dindons, ses oies de Toulouse, ses canards de Rouen, ses pintades grises, méritaient l'attention et les suffrages des ménagères, qui ne se sont pas fait faute de les admirer longuement.

En résumé, le Concours régional d'Agen, en ce qui regarde les espèces animales, a été remarquable par le choix des animaux, parfaitement installé et fécond en enseignements. Si j'ai réussi à faire toucher du doigt ces enseignements et à être ainsi utile aux éleveurs, j'aurai rempli à mon souhait la tâche que je m'étais proposée.

RAPPORT

Sur les Instruments & Appareils extérieurs de la Ferme ;

PAR M. G. VIELLE,

INGÉNIEUR CIVIL,

ATTACHÉ AU DÉPÔT DES MACHINES A LA GARE D'AGEN.

L'étude des instruments agricoles exposés au Concours régional mérite de fixer l'attention des agriculteurs. Jamais, dans nos contrées, une exposition n'a été aussi complète, car elle ne comptait pas moins de 687 appareils, qui se recommandent autant par leur agencement essentiellement pratique, que par leurs qualités. Enfin, quelques instruments peu employés dans nos contrées nous semblent devoir mériter une mention spéciale, car leur emploi serait, nous le croyons, avantageux chez nous.

Aussi, la Commission que vous avez chargée de suivre les opérations mécaniques du Concours régional, désireuse de vous donner un compte-rendu complet et pratique sur l'importante question des instruments mécaniques spéciaux pour les usages agricoles, a jugé utile de diviser son rapport en trois parties :

1° Etude des appareils extérieurs de la ferme essayés au Concours.

2° Etude des instruments intérieurs de la ferme soumis aux expériences.

3° De l'emploi des instruments exposés au point de vue de l'économie de nos exploitations agricoles.

Instruments extérieurs de la ferme.

Nous ne parlerons dans cette partie de notre rapport que des instruments extérieurs de la ferme essayés au Concours ; ils forment quatre groupes, *les houes*, *les scarificateurs*, *les extirpateurs et les herses.*

Ils sont destinés à nettoyer ou ameublir le sol en culture ou complanté en vigne; ils servent pour biner certaines cultures, pour détruire les plantes adventices ; leur emploi bien entendu réduit les frais des jachères complètes , et rend économique l'emploi des assolements réguliers.

Leurs usages sont les mêmes que ceux de la charrue, le meilleur des appareils extérieurs de ferme ; ils agissent sur le sol avec moins d'énergie, leur travail est moins complet, mais aussi, les frais de main-d'œuvre sont moindres, car dans le même temps et avec la même puissance motrice ils préparent trois ou quatre fois plus de terrain.

Nous supposerons, dans l'examen des instruments extérieurs de ferme que nous allons faire, que leur emploi est indispensable, et, cela posé, nous rechercherons s'ils atteignent le but pour lequel ils ont été construits ; en second lieu, nous étudierons ces mêmes appareils au point de vue de leur construction, de leur agencement, de leur manœuvre et de leur entretien. La méthode que nous nous proposons de suivre est, du reste, celle qu'a employée le jury du Concours pour le classement des instruments qui nous occupent ; elle est essentiellement logique puisqu'elle ne se base que sur les qualités agricoles et sur les qualités économiques des appareils.

Les qualités agricoles ont été examinées sur le terrain en faisant fonctionner les appareils ; des circonstances toutes spéciales ont rendu ces essais assez difficiles.

Le champ sur lequel on a opéré avait été préparé et ameubli quelque temps avant le Concours : il avait été ensemencé, sur une partie, en betteraves, maïs et pommes de terre. La sécheresse désastreuse, qui règne cette année, n'a pas permis aux plantes de germer, aux herbes adventices de se développer, au terrain (silico-argileux) de tasser. Aussi, les essais des instruments propres à nettoyer et ameublir le sol ont-ils été faits dans des circonstances beaucoup trop favorables, et pour arriver à apprécier autant que possible et leur travail et leur puissance, le jury a dû les faire fonctionner à une très grande profondeur.

§ I. — HOUES.

Notre confrère, M. Louis Bruguière a très nettement expliqué les usages des houes : « Leur emploi fréquent dans les cultures « sarclées, dit-il, contribuerait à faire disparaître les mauvaises « herbes de nos champs et pourrait même, en outre, atténuer « les effets désastreux de la sécheresse sous les climats méri- « dionaux. Pour cela, il suffirait de leur faire exécuter trois « opérations à l'aide d'outils de rechange. Ces opérations, ainsi « qu'on le sait sans doute, consistent : 1° à couper les herbes « adventices entre deux terres à l'aide d'un premier jeu de dents « repliées à leurs extrémités inférieures en forme de couteau ; « 2° à tenir la surface du sol émiettée à l'aide d'un second jeu de « dents pour éviter l'évaporation occasionnée par la chaleur de « l'été ; 3° à chausser ou à déchausser les plantes à l'aide d'un « troisième jeu de dents. »

Il résulte de ce qui précède que les outils agissant directement sur le sol peuvent affecter trois formes bien distinctes ; si la houe à employer ne doit satisfaire qu'à l'un des usages indiqués, elle ne portera qu'un jeu de dents ; si elle doit à la fois émietter la surface du sol et couper les racines adventices, elle portera sur un même instrument deux sortes d'outils, les couteaux horizontaux pour couper les racines, les dents de herses pour briser les mottes de terre ; si enfin elle doit faire un travail plus complet, si elle doit ameublir le sol et chausser ou déchausser certaines cultures, les trois outils seront réunis à la fois sur un même appareil.

Nous retrouverons ces dispositions variées dans les instruments qui ont été essayés. Le jury du Concours régional avait fait conduire sur le champ d'expérience treize houes, parmi lesquelles quatre nous paraissent mériter de fixer surtout l'attention.

La houe construite dans les ateliers de M. Renaud Gouin est entièrement en fer, elle est très légère. Bien que son travail soit régulier, elle paraît manquer de stabilité sur le sol ; pour maintenir les outils en prise, le conducteur est obligé de se servir constamment des mancherons. On a été tenté d'attribuer ce défaut à l'extrême légèreté de l'appareil ; mais votre Commission ne partage pas cette opinion ; elle croit que ce défaut doit être attribué à la disposition des outils. Cette houe agit sur le sol au moyen de 11 outils, 7 pieds de scarificateur et 4 dents de herse ; elle peut étendre son action sur une largeur plus ou moins considérable. Or, chaque fois qu'elle travaille entre des lignes rapprochées, l'obliquité des branches de l'appareil réduit dans le sens de la marche la distance entre les tiges des outils, de telle sorte que l'espace qui les sépare est insuffisant pour permettre le passage des terres soulevées et déchirées par les dents de l'instrument. Les terres exercent alors sur la houe une poussée, une réaction qui la soulève et rend sa conduite assez délicate. Nous sommes persuadés que si on avait essayé l'appareil à un plus grand écartement, le fait que nous signalons ne se serait pas produit. Du reste, la disposition employée par le constructeur a pour but la destruction des plantes adventices et l'ameublissement du sol, le choix des outils répond bien au but proposé, mais nous croyons que le résultat cherché aurait été tout aussi complètement atteint en mettant sur l'appareil 9 outils au lieu de 11, et nous sommes persuadés que cette simple modification aurait rendu la conduite plus facile.

Si la conduite de cet appareil donne lieu à quelques critiques peu graves, sa construction mérite les plus grands éloges.

Dans l'étude d'un instrument agricole au point de vue de la construction, il y a deux parties bien distinctes à considérer, l'outil agissant sur le sol, la charpente ou bâti sur laquelle se fixent les outils, et qui reçoit l'action directe de la puissance motrice. Nous l'avons déjà dit, la herse de M. Renaud Gouin porte 11 outils, 7 pieds de scarificateur et 4 dents de herse. Les pieds de scarificateur sont obtenus au moyen d'une tôle gondolée, rivée sur la tige qui vient se fixer au cadre; les tiges elles-mêmes se terminent à la partie supérieure par une partie cylindrique taraudée, de diamètre moindre que le corps de la tige; lorsque l'on serre au moyen d'écrous ces tiges sur le bâti, le collet vient porter sur la partie supérieure du bâti, l'écrou appliqué sur la partie inférieure, et l'on obtient ainsi un emmanchement d'une simplicité très grande et d'une solidité à toute épreuve. Cette combinaison offre aussi l'avantage, dans le cas où quelque rupture se produirait, de permettre un remplacement facile.

Le bâti est excessivement simple; il est entièrement en fer. Toutes les pièces articulées qui le composent viennent se relier sur un âge en fer méplat qui supporte à l'une des extrémités les mancherons, et se termine à l'autre extrémité par une douille dans laquelle passe la tige d'un régulateur à une roue.

Deux branches articulées sur lesquelles sont attachés 5 outils sont fixées sur l'âge au moyen d'un tourillon, elles sont maintenues à l'écartement voulu par deux petites bielles qui viennent se réunir sur l'âge sous une coulisse longitudinale solidement arrêtée par des écrous. Un boulon tourillon traverse les deux têtes de bielle et la coulisse; un écrou à oreilles sert à rendre tout le système rigide.

Pour régler cette houe il suffit, l'écrou à oreilles desserré, d'exercer une légère pression sur les branches de l'instrument qui se rétrécit ou s'ouvre, suivant le sens dans lequel a été exercé l'effort; quand les branches sont à l'écartement voulu, on serre à la main l'écrou à oreilles et tout le système devient solidaire. Cet appareil peut se régler sans employer un seul outil ; la manœuvre est d'une extrême simplicité.

La construction est très soignée ; la simplicité de l'agencement des pièces rend, en cas d'avaries, la réparation facile, même pour un ouvrier de campagne peu habile ; le travail agricole est bon ; aussi le jury du Concours n'a pas hésité à placer cet appareil au premier rang, et c'était justice.

La houe exposée par M. Primat, de Bordeaux, offre quelques ressemblances avec celle dont nous venons de donner la description. Son bâti est construit d'après les mêmes principes, mais hâtons-nous de le dire, la réalisation pratique est moins simple, moins heureuse que dans l'instrument précédent. L'âge en fer carré reçoit le régulateur à sa partie antérieure, et porte les mancherons à l'autre extrémité. Le régulateur à bride est bon ; néanmoins la bride, trop courte, gêne pour régler l'entrée de l'appareil. Le mouvement pour obtenir l'élargissement ou le rétrécissement de l'appareil nécessite six articulations au lieu de quatre. La coulisse n'existe plus ; elle est remplacée par deux coulisseaux mobiles le long de l'âge ; sur ces coulisseaux se fixent les bielles d'écartement ; pour obtenir la rigidité il faut serrer à la clef trois écrous.

La construction est assez soignée, cependant elle est moins remarquable que celle de la houe Renaud Gouin. Ce qui a fait remarquer surtout cet appareil, c'est son travail, et sa très grande stabilité. Il opère sur le sol au moyen de trois outils horizontaux et triangulaires fixés, l'un sur l'âge, les autres sur les branches. Cette houe ne fait que trancher les racines entre deux terres, mais le résultat est complet ; rien n'échappe à son action ; une fois la prise faite, elle se maintient sans que le conducteur ait à agir sur les mancherons ; cette houe n'émiette pas la surface du sol, c'est le seul reproche que l'on puisse lui faire. En résumé, c'est un bon appareil dont l'emploi doit être recommandé.

M. Capelle, de Montauban, a présenté une houe de construction toute différente. Elle est en bois et fer ; elle agit sur le sol au moyen de 7 outils de scarificateur, elle travaille à peu de profondeur et ameublit le sol à la façon d'une herse très énergique. Sa stabilité très grande nous paraît tenir surtout à son attelage à timon raide. Le travail de cet instrument ne donne donc lieu à aucune critique ; mais sa construction n'est pas exempte de reproches.

Un âge en bois se relie à l'avant avec un régulateur spécial, à l'arrière avec les mancherons ; il supporte deux branches en bois assemblées à charnières ; l'écartement de ces branches est maintenu au moyen de deux arcs de cercle en fer percés de trous et arrêtés par une cheville. Ce système, bien qu'il soit généralement employé, nous semble peu pratique ; il suffit d'égarer la cheville pour être fort embarrassé.

Votre Commission critique aussi l'emploi du bois dans la construction des appareils extérieurs de ferme. Soumis aux influences atmosphériques, il se détériore fort vite, surtout dans les assemblages, et nécessite de fréquentes réparations. La houe que nous examinons est un appareil bien étudié, et M. Capelle a évidemment pensé aux objections que l'on pouvait faire à ce système de construction ; il a fait mieux, il a essayé de les atténuer, voyons comment. Les outils de scarificateurs sont soudés avec leur tige qui est plate et porte des encoches à crémaillères ; ces tiges traversent les branches, et sont serrées par un clavetage. Il est évident que l'action de la clavette agissant directement sur le bois aurait, au bout de très peu de temps, détérioré la mortaise. Pour éviter ce danger, M. Capelle a fait placer sur les branches des tôles sur lesquelles serre le clavetage ; c'est un correctif, mais il est insuffisant ; la clavette et la tige de l'outil ne forment pas un joint étanche, l'eau pénétrera dans la mortaise, le bois pourrira, et au bout de peu de temps, la tôle seule supportera l'effort du clavetage. Il valait mieux, à notre avis, tout en suivant le même modèle, abandonner le bois, construire tout le bâti en fer, l'appareil n'aurait pas coûté aussi cher et aurait été plus solide. Nous avons critiqué le système de construction, tout en rendant justice au constructeur pour les soins portés à cette houe dont le travail est excellent ; mais nous n'avons pas parlé de son régulateur qui est très bon et mérite une mention spéciale. L'attelage est à timon raide ; le timon est fixé au moyen d'un tourillon horizontal sur l'âge ; un arc de cercle en fer traverse l'attache du timon, dont la position peut être fixée au moyen d'une chevillette que traverse cet arc de cercle.

L'attelage à timon raide, ce régulateur simple et commode, contribuent beaucoup au bon fonctionnement de cette houe, qui a cependant le grave défaut de coûter fort cher.

La houe sarcleuse présentée par M. Bonhomme est, sans contredit, de tous les instruments essayés celui qui a donné les résultats les plus remarquables. Son action sur le sol est très énergique ; aussi disait-on qu'elle faisait un *petit labour*. L'appareil travaille le terrain au moyen de cinq outils, deux coutres placés à l'avant de l'âge de chaque côté de cette pièce, deux couteaux latéraux avec versoirs fixés sur un cadre, un couteau plat triangulaire placé à l'arrière. Les coutres divisent la terre sur laquelle doivent agir les outils. Les couteaux versoirs tranchent les plantes adventices, soulèvent et retournent la terre, produisant un petit chaussage ou déchaussage, suivant que les versoirs sont intérieurs ou extérieurs au cadre ; le couteau placé à l'arrière achève la destruction des mauvaises herbes. Cet appareil résout donc complétement les conditions demandées pour un ameublissement complet du sol.

L'âge est en bois et brisé ; il porte à l'avant un bon régulateur américain, il se relie avec un cadre en fer en deux pièces qui peut s'élargir ou se rétrécir à volonté ; sur les petits côtés de ce cadre sont attachés les couteaux versoirs dont nous avons indiqué l'usage. La deuxième partie de l'âge reliée au cadre sert à fixer le cinquième outil et se rattache aux mancherons. Cette disposition flatte peut-être moins l'œil que celles que nous avons déjà indiquées, mais elle présente une grande solidité ; les outils sont en fer, et bien que l'âge soit en bois, il est à remarquer qu'il n'y a pas d'assemblage, toutes les pièces sont supportées ou reliées au moyen d'armatures en fer.

M. Bonhomme a très heureusement amélioré cet instrument en substituant le fer à la fonte dans la plupart des pièces, ce qui a rendu cette sarcleuse essentiellement pratique, car elle est peu susceptible d'être avariée.

On peut se demander après avoir vu fonctionner cet appareil pourquoi il n'a pas été mieux classé ; cela tient à des considérations toutes spéciales sur lesquelles nous appellerons votre attention à la fin de ce rapport, mais disons que, quel que soit le classement, l'emploi de la sarcleuse de M. Bonhomme doit être vivement recommandé.

§ II. — EXTIRPATEURS ET SCARIFICATEURS.

Les extirpateurs et les scarificateurs se distinguent surtout par l'énergie et la profondeur de leur travail. On s'est demandé quelle était la différence qui existe entre ces deux appareils ; car, dit-on, les agriculteurs ne sont pas bien fixés sur la valeur même de ces dénominations. Un examen superficiel rend en effet la confusion possible, car le bâti de ces deux instruments est le même, ils ne se distinguent que par la forme des outils.

Nous avons retrouvé dans le *Calendrier des agriculteurs* de Mathieu de Dombasle une définition de l'extirpateur tellement complète, que le doute ne peut subsister longtemps.

« On donne le nom d'extirpateur, dit-il, à des appareils qui « portent plusieurs socs ou pieds, ordinairement triangulaires « et tranchants, plats mais plus ou moins bombés, qui tran- « chent entre deux terres toutes les plantes adventices, en don- « nant à toute la terre de la surface un léger mouvement, mais « sans la retourner comme le ferait la charrue. Ces instruments

« sont destinés à couvrir les semences dans un sol déjà trop « repris pour que la herse y exerce bien son action, et aussi à « donner à une profondeur de 8 ou 10 centimètres une culture, « qui, dans un grand nombre de cas, remplace le travail de la « charrue. Comme l'extirpateur prend ordinairement une lar- « geur de 1 mètre ou 1 mètre 30, il est beaucoup plus expéditif « que la charrue et son travail est moins coûteux. »

Cette définition ne laisse aucun doute sur la forme de l'outil de l'extirpateur, et sur la valeur de son travail. L'outil tranche le sol horizontalement comme un couteau de houe; il souffle la terre, si je peux m'exprimer ainsi, mais n'opère pas un ameublissement complet. Si l'on veut préparer une culture complète avec un instrument du même genre, il faut avec les outils obtenir le même travail que celui que fait la charrue, la profondeur seule exceptée. L'outil à employer devra donc, non seulement détruire les plantes adventices, mais encore ameublir le sol sur toute la hauteur de la tranche travaillée. Il devra briser la surface du sol, retourner la terre. L'outil qui réalise ces conditions est le scarificateur que l'on peut définir ainsi :

« Le scarificateur est un instrument qui porte plusieurs socs « ou pieds plus ou moins inclinés sur l'horizon et de forme « telle que toutes les plantes qui peuvent végéter sur le sol « soient détruites, et qu'il donne à toute la terre soumise à son « action une culture complète de même nature que celle de la « charrue, mais moins profonde. »

Nous avons essayé, dans les quelques lignes qui précèdent, de bien établir les caractères distinctifs des extirpateurs et des scarificateurs. Nous avons dit que les outils qui agissent sur le sol sont fixés au même bâti ; étudions d'abord les outils, et ensuite, en examinant les divers instruments qui nous paraissent devoir fixer l'attention, nous essaierons d'indiquer d'une manière complète les qualités mécaniques nécessaires pour que ces instruments soient réellement d'un usage pratique.

Si les extirpateurs et les scarificateurs doivent rendre plus ou moins complétement les mêmes services que la charrue, il est naturel d'emprunter à cet instrument la forme des pieds d'extirpateur et de scarificateur.

Dans la charrue, le coutre isole, sépare la partie du terrain sur laquelle doit agir la charrue, le soc tranche les racines adventices et isole la partie du sol à ameublir des couches inférieures ; légèrement bombé à sa partie supérieure, il commence à soulever le cube détaché, qui remonte le long du versoir en s'inclinant jusqu'au moment où il est renversé. Si l'on prend deux socs de charrue triangulaires, appartenant l'un à une charrue à droite, l'autre à une charrue à gauche, et qu'on les soude suivant leur plan vertical, on obtiendra ainsi une pièce triangulaire légèrement bombée qui, agissant sur le sol, tranchera les racines et soulèvera la surface. Cette pièce est le pied d'extirpateur.

Si maintenant nous prenons une charrue complète et montée et que nous fassions passer : 1° un plan vertical tangent à l'extrémité antérieure du versoir ; 2° un plan tangent à l'extrémité antérieure de l'arête du soc, ces deux plans viendront se couper sur le versoir, détachant sur ces deux pièces un solide en forme de fer de lance, dont la surface est concave ; si l'on soude deux pièces détachées sur deux charrues, l'une à droite, l'autre à gauche, on obtiendra un fer de lance complet, dont les surfaces latérales auront une courbure qui appartient à la charrue. Si on fait agir un pareil outil sur le sol, il est certain que la terre attaquée par la pointe de l'outil remontera le long de la surface jusqu'au moment où elle sera retournée ou mieux brisée. Cette pièce prend le nom de scarificateur. Si nous examinons la forme des pieds des instruments présentés au Concours régional, nous trouverons sans doute de légères modifications, mais leur principe ne variera pas. Les angles saillants que présentent les formes dérivées de la charrue disparaitront quelquefois, mais les courbures que je viens d'indiquer se retrouveront toujours. Nous allons même plus loin : les outils construits suivant les formes primitives sont supérieurs à tous les autres, leur travail est meilleur. Les pieds d'extirpateur et de scarificateur de MM. Carolis, Dombasle, Primat et Collman, que nous avons examinés, ont donné un excellent travail.

Ces outils sont reliés aux bâtis au moyen de tiges en fer, sur lesquelles ils sont fixés quelquefois par des soudures ou par des rivures, d'autres fois par de simples goupilles ou des boulons. Il est surtout nécessaire, pour certains appareils, de changer l'outil à volonté et d'adapter soit le pied d'extirpateur, soit le pied de scarificateur. On a obtenu ce résultat en coudant un peu la partie de la tige sur laquelle se fixe l'outil, et, par suite, les palettes d'extirpateur forment un angle avec l'horizon; cette modification ne présente, à notre avis, aucun inconvénient, elle a plutôt l'avantage d'accuser plus fortement le soulèvement de la surface du sol.

Les modes d'attache des tiges aux bâtis varient beaucoup. Dans quelques instruments, la partie supérieure de la tige se recourbe, formant un demi cercle, et est arrêtée par deux boulons; dans d'autres elle se termine par une bride qui se serre au moyen de boulons sur les pièces de la charpente; ou bien encore elle porte une coulisse spéciale qui permet d'élever ou d'abaisser l'outil. Tous ces systèmes sont solides et peuvent être employés.

Les scarificateurs ou extirpateurs agissent sur le sol au moyen de 7 ou 9 outils disposés de telle sorte que leur action s'exerce sur toute la surface du sol.

Les appareils que nous avons essayés ont donné des résultats très satisfaisants, et si le jury n'avait eu à tenir compte que du travail, l'embarras aurait été fort grand. Mais si la construction ne passe qu'en seconde ligne pour les houes, lorsqu'il s'agit d'instruments plus puissants et plus énergiques, elle devient plus importante. Les scarificateurs agissent sur le sol à une assez grande profondeur et sur une largeur de 1^{m} 00 ou 1^{m} 30; ils utilisent par suite une assez grande puissance motrice. La résistance à vaincre pour broyer le sol étant considérable, les pièces doivent avoir une assez grande force pour résister ; par suite les appareils sont lourds ; il faut les conduire de la ferme au champ ; lorsqu'ils travaillent, leur manœuvre doit être facile, on doit régler à volonté la profondeur du travail. Tout cela nécessite l'emploi de combinaisons mécaniques qui seront d'autant meilleures que les moyens employés ne surchargeront pas l'instrument de pièces accessoires.

Le premier extirpateur complet est sorti des usines de Nancy. Nous avons vu essayer un instrument construit dans ce système qu'avait exposé M. Pialoux. Il se compose de deux parties bien distinctes : 1°. d'un cadre en bois sur lequel sont attachés les outils, et qui repose à l'arrière sur deux roues dont les fusées sont calées sur deux manivelles. Deux vis de rappel, qui traversent des écrous fixés aux mancherons, sont reliées avec ces deux manivelles ; 2° d'un avant-train Dombasle à deux roues, qui est relié au cadre au moyen d'une pièce en fer recourbée pour permettre aux roues de l'avant-train de tourner. Cette pièce est guidée au-dessus du cadre par une coulisse, elle est reliée à l'extrémité avec un levier fixé sur le cadre. Une vis de pression traverse le guide et vient appuyer sur la pièce en fer, permettant ainsi de régler l'entrée des outils.

Pour régler cet instrument il faut agir sur trois régulateurs, l'un qui agit sur l'âge pour la prise des outils, les deux autres sur les roues porteuses, pour régler la position même du cadre, qui doit être parallèle à la surface du sol. Il faut donc un certain temps pour régler l'appareil ; il est vrai de dire qu'une fois cette opération faite, il n'y a plus à le toucher, car au moyen du levier dont nous avons parlé, on peut isoler l'instrument du sol instantanément, soit qu'il s'engorge, soit pour tourner ; il suffit en effet de peser sur ce levier, l'extrémité de la pièce en fer se soulève en entraînant tout le cadre qui est solidaire avec lui.

Ce scarificateur est bon, mais très compliqué ; il coûte très cher ; aussi le jury a-t-il donné la préférence à des instruments aussi énergiques, mais moins coûteux.

On peut faire le même reproche au scarificateur Collman, qui cependant présente une disposition fort ingénieuse que nous devons signaler. Les tiges des outils sont maintenues sur le bâti au moyen de tourillons autour desquels elles peuvent osciller.

Les extrémités supérieures des tiges sont reliées par des bielles avec le régulateur, de telle sorte que lorsqu'on travaille à une grande profondeur, les outils s'inclinent de façon à réduire la résistance à son minimum. Cette disposition, très avantageuse au point de vue de l'utilisation de la force motrice, n'a pu être obtenue qu'en compliquant beaucoup le mécanisme ; aussi cet instrument ne nous paraît devoir être employé que difficilement, au moins dans nos contrées, car la réparation doit en être délicate.

Le scarificateur de M. Carolis, de Toulouse, nous semble préférable ; il se règle avec une très grande facilité. Un âge en fer, terminé par une douille, relie le cadre à un régulateur à une seule roue de grand diamètre. L'arrière du cadre repose sur deux roues attachées aux mannetons de deux manivelles calées sur un arbre attaché au bâti. Une troisième manivelle est fixée au milieu de cet arbre ; nous verrons son usage tout à l'heure.

Un guide en arc de cercle fixé sur le cadre est relié par une pièce rigide avec la tige du régulateur ; un levier est fixé au moyen d'un tourillon à cette pièce, passe entre les deux joues du guide, et peut être arrêté dans toutes les positions qu'il peut prendre au moyen d'un verrou à ressort. Ce levier est relié à l'une de ses extrémités avec l'âge, au moyen d'une bielle ; à l'autre extrémité une seconde bielle le relie avec la troisième manivelle calée sur l'arbre de support des roues d'arrière.

Ce levier permet de régler très rapidement l'instrument. Si on baisse le levier, la bielle attachée à l'avant relève la partie antérieure du cadre ; la douille qui termine l'âge glisse le long de la tige du régulateur ; pendant que ce mouvement s'opère à l'avant, la bielle accrochée à l'extrémité opposée du levier presse sur la manivelle de l'arbre qui supporte les roues ; les manne-tons des manivelles se rapprochent du sol ; donc, le cadre se relève ; les outils cessent d'être en prise. Si, au contraire, on relève le levier, les outils viennent prendre dans le sol. Nous ajouterons, qu'une fois le verrou enclanché, tout le système est solidaire et que, par suite, l'appareil ne peut se dérégler.

Le jury du Concours a placé cet appareil simple et élégant au premier rang. Cependant on a fait une observation qui ne nous parait pas importante ; on a dit qu'avec ce mode de réglage l'axe des roues d'arrière restait toujours dans un plan parallèle à celui du bâti, ce qui pouvait, dans certains cas, gêner la marche de l'instrument. Cette objection ne pourrait avoir de valeur que lorsqu'on travaille au bord d'un sillon, parce que l'outil s'inclinerait beaucoup ; cependant cela ne pourra jamais entraver sa marche, car, en vertu même de son poids, l'appareil a une grande stabilité.

Les trois scarificateurs dont nous venons de parler sont ceux qui offrent de la manière la plus complète les qualités que l'on doit rechercher dans un bon instrument agricole. Je passe sous silence les autres essais et je vais dire, aussi brièvement que possible, quelques mots sur les extirpateurs.

L'extirpateur de M. Estable, de Montauban, est très simple et très léger ; il se règle, à l'avant, comme le scarificateur Collman ; à l'arrière, par des roues attachées au bâti comme dans l'appareil Dombasle, avec cette différence, que les vis sont remplacées par des leviers. La disposition est simple, mais le réglage assez long ; de plus, cet instrument tourne difficilement.

L'extirpateur présenté par M. Cazeau se règle à l'arrière de la même façon que celui de M Estable ; à l'avant, le régulateur est celui du scarificateur Carolis. Au point de vue de la construction, cet appareil est assez satisfaisant ; il se règle assez facilement, tourne bien, mais la pose des outils est mauvaise, les pieds d'extirpateur relèvent trop à l'avant, ce qui occasionne une augmentation de tirage très sensible.

Nous ne parlerons pas des autres instruments essayés ; ils sont moins bons, moins bien faits, et tous ont un défaut assez grave, que nous signalons, parce qu'il a pour conséquence une difficulté très grande pour la conduite, difficulté qui ne peut être vaincue qu'en obligeant les chevaux ou les bœufs à dépenser beaucoup plus de force que celle qui serait nécessaire pour faire le travail demandé. La plupart des instruments que nous avons vu essayer ont les roues des avant-trains de trop petit diamètre ; elles s'engorgent, et cessent de tourner. Ce défaut peut être facilement corrigé, nous le signalons à l'attention des constructeurs.

Avant de terminer cette étude des extirpateurs et des scarificateurs, nous devons signaler deux petits instruments qui, par leur construction et leur fonctionnement, ne laissent pas d'offrir un certain intérêt, je veux parler du scarificateur de M. Primat, de Bordeaux, instrument peu énergique, mais travaillant bien le sol à une faible profondeur, et du scarificateur pour vignes de M. Renaud Gouin. Ce dernier instrument porte 5 pieds de scarificateur ordinaire, dont les tiges s'attachent au moyen de pattes sur un âge en fer rectangulaire. Toutes les tiges sont arrondies, le bâti est supprimé, l'appareil ne présente pas un angle saillant, de telle sorte que l'on peut donner une culture aux vignes très près des ceps sans courir le danger, à moins d'une grande maladresse, de les endommager.

§ III. — HERSES.

Nous serons très sobres de détails sur les essais des herses, ces appareils sont très connus et tous les agriculteurs apprécient les services qu'ils rendent tous les jours. Nous ne parlerons pas des essais des 19 instruments que nous avons vu fonctionner, bien que plusieurs aient donné des résultats très remarquables ; nous dirons seulement quelques mots d'une herse Howard dont le travail a vivement frappé les personnes qui assistaient aux expériences ; nous insisterons surtout sur trois instruments destinés à des usages spéciaux.

La herse Howard modifiée par M. Renaud Gouin, a fait un travail complet bien supérieur à celui de tous les autres instruments. Elle est formée par trois compartiments reliés par des chaines et portant chacun quatre rangs de dents. Ce qui la distingue, c'est que chaque compartiment est lui-même brisé et se compose de deux panneaux réunis par des crochets. Cette disposition fort simple donne à l'appareil une très grande souplesse, il épouse la forme du terrain, ne bourre pas et ne peut se soulever ni laisser des mottes intactes. C'est un très bon instrument, qui est appelé, nous le croyons, à rendre de grands services.

Nous appellerons également l'attention sur une herse en bois avec dents en fer, destinée au nettoyage des luzernes. Cet instrument se recommande par son travail. Il est attelé à timon raide et est supporté à l'arrière par deux petites roues qui règlent l'entrée des dents (Herse Capelle).

La culture en billons est très répandue dans nos pays, aussi était-il important d'essayer les divers modèles de herses destinées à ce mode de culture. Mais les résultats ont été peu satisfaisants, non pas au point de vue du principe, mais au point de vue de sa réalisation pratique. Presque toutes les herses de ce système ont mal fonctionné. La herse de M. Andouin mérite cependant une mention ; elle est fort simple, mais le constructeur a donné une trop grande inclinaison aux dents à couteau, de telle sorte qu'elle lisse et bourre beaucoup. Que M. Andouin corrige ce défaut et nous serons les premiers à recommander cet instrument. Il se compose de deux panneaux plans articulés sur un soc en fer, sur lequel se fixent les supports d'une vis que l'on fait mouvoir au moyen d'une manivelle. Un écrou articulé, avec deux bielles attachées à l'autre extrémité à chacun des panneaux, peut monter ou descendre le long de la vis, et permet ainsi de régler l'appareil. Telle est cette herse, d'une extrême simplicité, mais dont l'exécution laisse à désirer.

M. Terrancle, de Montauban, a fait essayer une herse spécialement destinée aux vignes. Le constructeur avait pour but de nettoyer le sillon, de relever les côtés, d'émietter la surface du sol. L'idée est bonne, sa réalisation pratique terminerait l'ameublissement du sol de la façon la plus heureuse. Malheureusement la herse présentée au Concours a donné lieu à de nombreuses critiques. Voici, du reste, comment est construit cet appareil. Deux versoirs buttoirs sont articulés sur une semelle en bois munie d'un soc en fer. Chaque versoir porte six dents de herses-couteaux. Un régulateur permet de donner plus ou moins d'ouverture aux buttoirs, un deuxième régulateur fixé sur une semelle en fer spéciale permet de les élever ou de les abaisser suivant la profondeur du sillon. Tel est le principe; mais malheureusement, le constructeur a cru utile, pour atténuer les résistances, de placer sous les semelles deux petites roues qui s'engorgent et augmentent beaucoup le tirage. La coupe des buttoirs est défectueuse, les dents de herses mal posées ; aussi l'appareil tel qu'il est ne nous paraît pas pratique. Néanmoins l'idée est bonne, et bien étudiée elle doit conduire à la construction d'un appareil simple et utile.

Nous ne citerons que pour mémoire les herses à chaîne et à maillons ; nous classerons parmi ces dernières la herse de M. d'Auber de Peyrelongue ; elle est en fonte, coûte peu ; elle pourra servir pour couvrir les semences et peut-être même pour briser les mottes sur un terrain nouvellement labouré ; mais elle ne fera jamais le travail d'une bonne herse Valcour ou Howard.

Nous avons signalé, dans ce rapport, les instruments d'extérieur de ferme, qui, par leur travail, leur principe et leur construction, paraissent offrir un intérêt sérieux pour l'agriculteur. Mais peut-être n'est-il pas inutile de résumer les impressions de la Commission.

Les instruments agricoles sont en progrès très sensible. Les constructeurs ont compris combien il était utile de livrer à l'agriculture des instruments solides et d'un entretien facile. L'emploi des engins mécaniques n'est en effet possible qu'à cette condition, et nous devons les féliciter d'avoir tenu compte des observations qui leur ont été faites si souvent dans les concours de nos comices ; les appareils agricoles mieux étudiés ont gagné comme légèreté et comme agencement ; il suffit d'examiner la belle collection d'instruments d'extérieur de ferme fabriqués dans les usines de M. Renaud Gouin pour se rendre compte des progrès réalisés.

Les essais pratiques de ces instruments sont aussi fort remarquables ; à quelques exceptions près ils ont été très satisfaisants. La limite de la puissance ameublissante de ces outils nous a été donnée par la collection des appareils qu'a exposés notre président M. Bonhomme. Les essais de ces instruments appartenant au système Dombasle, nous montrent les résultats avantageux que l'on peut obtenir en se servant de bons appareils. Les personnes qui les ont vu fonctionner se demanderont, sans doute, pour quel motif ils n'ont pas été primés. Le jury du Concours n'a pas attribué le même mérite aux instruments présentés par le constructeur ou par le propriétaire. Il reconnait au constructeur le mérite de la construction, de l'invention. Le propriétaire a surtout le mérite du choix. Si on les place sur la même ligne, il arrivera qu'un propriétaire qui a intérêt à avoir les meilleurs instruments se présentera au Concours avec toutes les chances de succès. Le jury du Concours ne pouvait admettre cette inégalité ; cependant il aurait été heureux de récompenser le mérite réel du propriétaire, qui, connaissant les qualités du terrain qu'il exploite, les conditions dans lesquelles le travail de culture et d'ameublissement doit s'exécuter, sait examiner les divers instruments qui peuvent lui permettre d'atteindre le résultat utile, choisir les instruments les plus parfaits pour l'obtenir. Ce travail de patience, de recherches souvent délicates, M. Bonhomme a prouvé qu'il avait su le faire ; sa collection d'instruments propres à ameublir le sol le prouve. Le jury aurait voulu faire un groupe de tous ces instruments et accorder une médaille d'or au propriétaire ; malheureusement ils étaient déclarés isolément ; le réglement s'opposait à ce que la déclaration faite par l'exposant fût changée. La règle a donc été appliquée, ce n'est pas sans regrets.

Le réglement du Concours régional dit : « Des médailles seront attribuées aux plus belles collections d'instruments aratoires perfectionnés, etc.... » Ces collections, en général fort bien peintes, sont examinées par les membres du jury, mais ne sont pas essayées. Les jurés les priment souvent un peu de confiance. Mais nous nous demandons quelle est l'utilité pratique de récompenses accordées ainsi ? Ne vaudrait-il pas mieux demander aux propriétaires d'exposer la collection d'outils propres à un travail déterminé, essayer chaque collection et primer celle qui donnerait les résultats agricoles les plus complets ? Ne serait-ce pas un excellent moyen de faire apprécier aux agriculteurs l'importance des résultats que l'on peut obtenir ? [1]

---

[1] Nous complétons ce rapport en donnant la liste des récompenses accordées par le jury, l'adresse et le nom des constructeurs et le prix de chaque instrument.

Houes à cheval.

1 Houe scarificateur. — Renaud Gouin, à Sainte-Maure (Indre-et-Loire). — Prix : 75 fr. [*No du catalogue, 550.*]

2 Houe à cheval. — Primat, de Bordeaux (Gironde). — Prix : 70 fr. [*No du catalogue, 529.*]

3 Houe à cheval. — Capelle, aîné, de Montauban (Tarn-et-Garonne). — Prix : 90 fr. [*No du catalogue, 108.*]

Mention très honorable :

Houe sarcleuse de M. Bonhomme. — Boucheron, aîné, à Agen (Lot-et-Garonne). — Prix : 50 fr. [*No du catalogue, 45.*]

Mentions honorables :

Houe à cheval. — Cazeaux, à Mugron (Landes). — Prix : 60 fr. [*No du catalogue, 139.*]

Houe à cheval. — Estable, à Saint-Symphorien (Indre-et-Loire). — Prix : 70 fr. [*No du catalogue, 254.*]

Ces deux dernières houes primées par le jury du Concours sont certainement de bons instruments, mais inférieurs comme travail et comme construction aux modèles dont nous avons donné la description ; nous ne les citons que pour mémoire.

Extirpateurs.

1 Extirpateur. — Estable, de Saint-Symphorien (Indre-et-Loire). — Prix : 150 fr. [*No du catalogue, 259*]

2 Extirpateur. — Capelle, de Montauban (Tarn-et-Garonne). — Prix : 175 fr. [*No du catalogue, 109.*]

3. Extirpateur. — Cazeaux, de Mugron (Landes). — Prix : 125 fr. [*No du catalogue, 142.*]

Scarificateurs.

1 Scarificateur.— Carolis, de Toulouse (Haute-Garonne). — Prix : 220 fr. [*No du catalogue, 154.*]

2 Scarificateur. — Pilter (Collman), de Paris (Seine). — Prix : 310 fr. [*No du catalogue, 490.*]

3 Scarificateur pour vignes. — Renaud Gouin, à Sainte-Maure (Indre-et-Loire). — Prix : 75 fr. [*No du catalogue, 561.*]

Mention honorable :

Scarificateur. — Primat, de Bordeaux (Gironde). — Prix : 80 fr. [*No du catalogue, 528*].

Herses.

1 Herse.— Renaud Gouin, à Ste-Maure (Indre-et-Loire). — Prix : 100 fr. [*No du catalogue, 567.*]

2 Herse. — Capelle, de Montauban (Tarn-et-Garonne). — Prix : 75 fr. [*No du catalogue, 111.*]

3 Herse. — Estable, à Saint-Symphorien (Indre-et-Loire).—Prix : 100 f. [*No du catalogue, 260.*]

Mention très honorable :

Herse.—D'Auber de Peyrelongue.—Prix : 60 f. [*No du catalogue, 687.*]

Mention honorable :

Herse pour vignes. — Terrancle, de Montauban (Tarn-et-Garonne). — Prix : 100 fr. [*No du catalogue, 654.*]

III

RAPPORT

Sur les Machines d'intérieur de Ferme,

PAR M. MAZÈRES,

INGÉNIEUR - MÉCANICIEN, A AGEN.

Dans cette classe de machines se trouvent :

1° Les machines à battre appartenant aux divers types ;

2° Les machines dites ventilateurs et trieurs ;

3° Les hache-pailles, coupe-racines, concasseurs, égrenoirs ;

4° Les pressoirs à vendange, les fouloirs et les appareils à chauffer les vins.

Nous examinerons, pour chaque catégorie d'instruments, ceux qui nous ont paru être les mieux étudiés au point de vue de leur construction, de leur rendement et de leur application.

1° MACHINES A BATTRE.

Dans l'étude que nous exposons des diverses machines qui étaient au Concours, nous comprenons :

D'abord, les machines du Concours, c'est-à-dire les machines à battre à manége, vannant et criblant le grain.

Ces machines étaient représentées par MM. Pialoux, Pinet, Gautreau, Deschanel, Lotz, fils de l'aîné, et Maillhe.

Nous croyons pouvoir dire que ce sont ces machines qui ont le plus attiré l'attention des agriculteurs.

Le problème qu'elles ont à résoudre est d'une telle importance au point de vue de leur application économique, qu'il semble que, malgré les efforts des mécaniciens rompus dans ces sortes de machines, la solution reste encore à trouver.

La meilleure machine à battre pour un agriculteur est bien évidemment celle qui lui donne, pour l'unité de force employée, la plus grande quantité de blé battu et vanné.

Nous ne croyons pas, dans l'examen que nous allons faire de ces machines, devoir nous arrêter aux essais qui furent faits au Concours. Car, à notre point de vue, ces essais ne sont d'aucune valeur pour pouvoir préciser la supériorité d'un système. Leur analyse entraînerait plutôt à la condamnation des machines de ce type.

La machine de M. Pialoux, avec manége à arbre de couche articulé, a son batteur commandé par engrenage; elle présente dans son ensemble une disposition simple des divers organes de son mécanisme.

Evitant toute complication, M. Pialoux s'était surtout attaché à supprimer tous les mouvements compliqués que l'on rencontre dans ce genre de machines et qui n'ont souvent d'autre but que d'absorber en pure perte une partie de la force motrice.

M. Pialoux a éprouvé pour sa machine l'écueil que rencontrent généralement tous les mécaniciens, c'est-à-dire un engorgement à la sortie de la paille qui arrête le fonctionnement de la machine et détruit en partie le vannage et le criblage du blé. Le charrie-paille employé dans cette circonstance n'a pas rempli le but proposé.

En examinant la marche de cette machine à laquelle on avait mis deux attelages, nous avons pu constater que la vitesse des attelages était lente pour la vitesse de régime du batteur : condition excellente pour le travail des animaux au manége.

Quant aux efforts de traction développés dans les attelages, impossible de les apprécier, vu le manque absolu de dynamomètre. A cet égard, nous croyons devoir appeler l'attention du Comice sur cet oubli qui pourtant est d'une importance première pour pouvoir préciser quelle est la meilleure utilisation du travail moteur.

La machine de M. Pinet nous donnait dans son ensemble la disposition qu'il convient d'employer pour les machines d'intérieur à installation fixe, telle qu'on la trouve dans le nord de la France.

Le manége a une colonne centrale servant d'axe de rotation à la roue motrice qui commande une transmission intermédiaire destinée à actionner l'arbre qui se trouve à l'intérieur de la colonne. Sur ce dernier se trouve fixée, à la partie supérieure de la colonne, une poulie qui transmet le mouvement à la batteuse au moyen d'une courroie.

La batteuse, d'une construction simple et robuste, ne laisse rien à désirer au point de vue des plus faibles détails. Le réglage du contre-batteur y est facile. Le nettoyage, la visite et au besoin le démontage de toutes les pièces peuvent se faire sans aucune difficulté. Nous devons signaler aussi le parfait équilibre de toutes les pièces en mouvement.

La disposition de l'installation nous offrait au premier plan le manége avec le ventilateur placé au-dessous de la batteuse ; au second plan, la batteuse installée sur un plancher assez grand pour permettre toutes les manœuvres nécessaires à la marche de la machine.

Au-dessous de la batteuse, une grande grille recevant le blé, les balles et les menues pailles pour les conduire au ventilateur placé au dessous. A la sortie de la paille, un plan incliné pour renvoyer la paille à la partie inférieure.

Comme il est facile de le comprendre, dans cette installation, tout y est disposé pour un emploi rationnel de la force motrice. On évite l'écueil de la sortie de la paille, en divisant les deux opérations : battre d'abord, vanner ensuite.

Nous pouvons dire qu'aux essais c'est la machine qui a donné les meilleurs résultats aux points de vue d'un bon rendement et d'une bonne utilisation de la force motrice. En face des résultats obtenus, nous regrettions de n'avoir pu constater quel était l'effort de traction; et, comme nous vous le disions plus haut, il importe que ce point, qui n'a jamais été établi dans les diverses expériences faites sur les batteuses, soit déterminé d'une manière rigoureuse afin de pouvoir affirmer la supériorité d'un type de machine à battre.

Machine de M. Maithe, d'Orthez. — Cette machine, actionnée par un manége à colonne du type Cuming, était mise en mouvement par trois attelages. Le batteur recevait directement le mouvement et le transmettait ensuite au charrie-paille, au ventilateur et aux tables à secousses. L'ensemble de la batteuse rendue locomobile était établi sur quatre roues avec avant-train.

Nous ne dirons rien de la construction de cette machine, si ce n'est qu'elle était très mal exécutée dans tous ses détails. Et après un simple examen, il était facile de voir qu'aucun soin n'avait présidé à la bonne disposition et à la bonne exécution de ses divers organes.

Les essais donnèrent cependant d'assez bons résultats. — La sortie de la paille se fit avec quelque difficulté, et nous devons ajouter que si l'essai s'était prolongé plus longtemps un engorgement aurait eu lieu. Le criblage et le vannage donnèrent des résultats assez satisfaisants. La traction des attelages au manége nous parut être très forte ; mais, comme nous vous le disions, impossible de préciser ce point, vu l'absence absolue d'appareils dynamométriques.

Machine Turner exposée par M. Deschanel. — Cette petite machine formait un ensemble de combinaisons simples, bien comprises et surtout parfaitement exécutées. Elle était actionnée par un manége à 2 attelages disposés à angle droit. Un arbre de couche commandait un communicateur de mouvement établi sur le sol. Ce dernier actionnait directement le batteur.

Le batteur à retour de paille était disposé pour travailler la paille pendant l'opération du battage. La sortie de la paille avait lieu sur des tables mobiles placées au dessous de la table de l'engréneur. Elle présentait aux essais une tendance à l'engorgement.

Le blé et la balle reçus sur une table inférieure étaient soumis à l'action d'un ventilateur et le blé était ensuite élevé, au moyen d'une chaine à godets, à hauteur suffisante pour pouvoir être reçu en sacs. — Le nettoyage laisse à désirer ; un engorgement produit dans l'élévateur arrêta un moment la marche de la machine. Nous ne croyons pas cependant que ce fait anormal et dû à l'arrêt d'un organe puisse se produire dans le travail continu de cette machine.

Machine Lotz, fils de l'ainé, à Nantes. — La batteuse était mise en mouvement par un fort manége à colonne, avec transmission à cable métallique. Le manége, simple et robuste, est établi sur un croisillon en bois et peut au besoin être rendu locomobile.

La batteuse, de grande dimension, était plutôt construite pour être mue par une machine à vapeur que par un -manége. Elle recevait son mouvement du manége par un arbre intermédiaire placé à la partie supérieure de la machine. Le charrie-paille se composait d'une chaine sans fin d'une très grande longueur ; le blé, la balle et les menues pailles tombaient sur une longue table qui les conduisait en partie à l'action du ventilateur placé au dessous du batteur. Le blé nettoyé était reçu sur un des cotés de la machine.

Aux essais, cette machine offrit une grande résistance. Le contre-batteur mal réglé ne produisit que du blé concassé.

La sortie de la paille laissait aussi à désirer. — Nous reprochons à cette machine d'être trop encombrante et trop lourde.

Elle nécessite une trop grande force pour la mise en mouvement du mécanisme.

Machines à battre en travers de M. Gautreau. — Les trois machines à battre exposées étaient entièrement semblables ; elles étaient actionnées par trois dispositions de manège.

La première de ces dispositions est empruntée au type Albaret et Compie. Il se compose d'une colonne centrale avec roue motrice à denture intérieure. La partie supérieure de la colonne, terminée en C, porte un arbre horizontal qui conduit le batteur.

La deuxième disposition, composée d'une simple roue conique actionnant un arbre de couche, avait le mécanisme de transmission de vitesse installé sur la batteuse.

La troisième disposition a le manège relié à la machine, de manière à former un ensemble locomobile. La roue motrice commandait un arbre vertical ; ce dernier, un arbre horizontal situé au dessus des attelages, avec une transmission de vitesse placée sur la machine à battre. On peut reprocher à ce manège la trop faible longueur des attelages. Une disposition mauvaise exposait à des accidents les animaux en passant auprès de la batteuse.

Le mode d'attelage employé aux essais était très mauvais ; il est cependant vrai de dire que cet attelage était incomplet en ce sens qu'il n'y avait pas de reculoir pour empêcher le cheval de sortir de son attelage.

Les trois batteuses entièrement semblables étaient établies pour battre en travers avec une disposition très simple de mécanisme. Le batteur actionnait directement le ventilateur. Une bielle placée sur l'arbre de ce dernier communiquait le mouvement aux tables à secousses. Le reproche à faire à ces batteuses se trouve dans la trop faible longueur de la table qui reçoit le blé à la sortie du batteur, ce qui occasionne un entraînement considérable de blé avec la paille. Le nettoyage du blé était bien fait.

Il ne nous a pas été possible d'apprécier les efforts de traction de chacun des manéges et il nous est impossible de préciser la supériorité de l'un d'eux.

En résumé, nous pouvons dire que ce genre de batteuses, pour être appliqué dans nos pays avec moteur animé, demande encore de grands perfectionnements au point de vue de la bonne utilisation de la force motrice, d'une bonne disposition du charrie-paille, de la séparation complète de la balle et des menues pailles.

Nous croyons cependant devoir appeler, sur ce type de machines, l'attention des agriculteurs, qui désireux d'avoir une installation fixe de ce genre de batteuse, trouveront dans la machine du système Pinet un appareil réunissant les conditions voulues pour une bonne utilisation de la force motrice et un bon nettoyage du blé.

Dans l'examen que nous allons faire des batteuses hors concours, nous examinerons d'abord les batteuses simples, composées du manége avec ou sans communicateur de mouvement, et de la batteuse avec contre-batteur mobile.

Les machines de M. Pialoux que vous connaissez tous sont établies d'une manière simple et robuste. Leur construction est soignée dans les plus faibles détails et les dispositions d'ensemble rendent les réparations qui pourraient avoir lieu, faciles. Quant aux résultats obtenus, vous les connaissez sans qu'il soit utile de vous les rappeler.

Les machines de M. Pinet ont leur manége à colonne avec commande de la batteuse par courroie. Le manége, d'une grande simplicité, se compose d'une colonne centrale avec grande roue motrice tournant sur la colonne ; d'un second axe avec pignon et roue, recevant la commande de la roue motrice et la transmettant à l'arbre intérieur de la colonne. Tout est disposé pour qu'aucune variation ne puisse se produire dans le parallélisme des axes, qui est une des conditions essentielles pour la douceur du mouvement et pour éviter la rupture des pièces.

La disposition d'ensemble de ce manége donne un équilibre complet des pièces en mouvement et par suite une grande stabilité.

La batteuse est simple. Le contre-batteur y est mobile à volonté. La construction en est irréprochable et présente dans ses détails des particularités qu'il serait bon de retrouver dans les autres types de batteuses. Toutes les pièces composant son ossature peuvent se démonter, le batteur et le contre-batteur peuvent être visités facilement et sont d'une simplicité qui les met à l'abri de toute réparation. L'équilibre du batteur est parfait ; aussi avons-nous remarqué que ces machines ne donnent lieu à aucune vibration pendant leur marche.

Machines de M. Maréchaux. — Ces machines sont mues par un manége du système Creusé des Roches. La batteuse a son bâti en fonte avec un contre-batteur mobile.

Le manége en fonte a tous ses organes fixés sur une colonne en fonte établie sur un croisillon en bois. La roue motrice, d'un faible diamètre, commande deux arbres horizontaux superposés. Sur l'arbre supérieur se trouve une poulie commandant la batteuse. Nous reprochons à ce manége d'avoir une roue motrice trop faible, qui, supportant pendant le travail un effort considérable, se trouve par là exposée à rompre sous les chocs répétés des attelages.

La batteuse ne présente d'autre particularité que son bâti en fonte remplaçant les bâtis en bois des batteuses ordinaires.

Nous pensons que la substitution de la fonte au bois dans ce genre de machine ne présente aucun avantage sérieux, tant au point de vue économique qu'au point de vue pratique de l'emploi de ces machines. Car il est certain que pour les machines qui sont destinées à être déplacées souvent et soumises à des chocs qui peuvent dans certains cas entraîner la rupture des pièces de fonte, on sera dans de mauvaises conditions pour les réparations, souvent même obligé de s'adresser au constructeur pour le remplacement de certaines pièces.

Viennent ensuite les batteuses Lotz, Mailhe, Tertrais et Carlier, qui ne présentent aucun caractère particulier et qui empruntent leurs dispositions de manége à des systèmes décrits plus haut. A l'exception cependant de la machine Tertrais et Carlier dont l'organe principal du manége se compose d'une roue locomotrice qui, en roulant sur le sol, transmet son mouvement aux mécanismes de la machine.

Nous retrouvons aussi le manége de M. Valcour, construit par M. Cusson.

Les grandes machines à battre à vapeur étaient représentées au Concours par MM. Renaud, Cuming, Del, Deschanel, Mailhe et Girard.

Elles sont toutes en général d'une bonne construction ; quelques-unes même sont élégantes dans leur ensemble, telles que celle de Girard et Cuming.

Nous devons cependant dire que la batteuse de M. Mailhe, du type de celles de Girard, laissait beaucoup à désirer au point de vue de sa construction.

Toutes les batteuses mues à vapeur sont disposées pour le battage en travers et donnent le blé vanné en sacs. Elles sont généralement à retour de paille et ont leur contre-batteur mobile, afin de pouvoir être réglées à volonté.

Les machines à vapeur, de disposition à peu près semblable, sont en général avec foyer disposé pour brûler au besoin toute sorte de combustible. Elles sont pourvues d'un régulateur ayant pour but de maintenir la vitesse de régime des machines, quelle que soit la résistance à vaincre.

Ces machines exécutées pour produire un grand travail ne trouvent d'application que dans des exploitations de premier ordre et pour les entreprises de battage.

Nous terminerons l'examen des machines à battre par quelques considérations générales sur leur choix au point de vue du prix de revient du battage.

Il est certain qu'au point de vue pratique la meilleure machine à battre est celle qui donne la plus grande quantité de blé battu et vanné par unité de force motrice.

Par l'examen que nous avons fait des machines à battre vannant et criblant, il a été constaté qu'il n'était guère possible avec un moteur animé d'avoir une machine de ce genre ; car dans ce cas, la force motrice devient trop considérable pour pouvoir se trouver dans la ferme.

Il faut donc diviser les opérations, battre d'abord et vanner ensuite, ou bien dans le cas d'une installation fixe, faire les deux opérations en même temps en adoptant la disposition de la machine Pinet.

Nous allons, pour établir l'importance du choix des machines à battre, donner quelques exemples du prix de revient.

Prenons pour exemple une ferme produisant 200 hectolitres de blé. Il faudra une machine à battre à manège de 3 ou 4 attelages, la batteuse, son charrie-paille et un ventilateur.

Le prix d'une semblable machine peut s'élever à une moyenne de 1,200 fr.

Ces machines donnent une moyenne de 50 hectolitres de grains par journée de travail ; de sorte qu'il faudra quatre journées de travail pour dépiquer les 200 hectolitres de blé. Le prix de revient de l'hectolitre de blé battu et vanné se résume comme suit, pour la première année :

Intérêt et amortissement d'un capital de 1,200f à 10 p. 0/0	120 »
Supplément de nourriture aux 4 paires de bœufs à raison de 5 fr. par jour	20 »
1 litre d'huile à graisser	1 »
Entretien	10 »
15 personnes pour le service à 2 fr. 50	150 »
Total pour 200 hect.	301 »

Soit par hectolitre $\frac{301}{200}$ = 1 fr. 505.

Ce prix qui est évidemment trop élevé se trouve réduit d'une manière notable si la machine est destinée à battre une plus grande quantité de blé, dans le cas, par exemple, d'une association entre 4 ou 5 propriétaires voisins.

Le prix de revient de l'hectolitre se résume comme suit, en comptant sur 1,000 hect. à dépiquer.

Intérêt et amortissement d'un capital de 1,200 fr. à 10 p. 0/0	120	»
Supplément de nourriture des animaux à raison de 5 fr. par jour, pour 20 jours..	100	»
4 litres huile à graisser, à 1 fr. 50	6	»
Entretien	10	»
15 personnes à 2 fr. 50 par jour, pour 20 jours	750	»
TOTAL pour 1,000 hectolitres..	986	»

Soit par hectolitre 0 fr. 986 ou 1 fr.

Il y a donc réduction de 50 p. 0/0 pour le prix de revient de l'hectolitre battu et vanné. On voit par cet exposé combien il importe pour notre pays d'en arriver à une association entre propriétaires pour l'emploi économique des machines à battre.

Quoique l'emploi des machines à battre mues par machines à vapeur trouve peu d'application dans notre pays, nous croyons cependant devoir donner un aperçu du prix de revient de l'hectolitre battu et vanné, en supposant ces machines employées par un entrepreneur de battage, et en prenant pour base un travail de 3,000 hectolitres.

On peut compter en moyenne une production journalière de 100 hectolitres. Le prix d'achat d'une bonne batteuse à vapeur est de 6,500 fr.

Le prix de revient se résume comme suit, en comptant 30 journées de travail :

Intérêt et amortissement d'un capital de 6,500 fr. à 10 p. 0/0	650	»
Charbon, 3,000 kil., à 40 fr. les 1,000 kil.	144	»
Chauffeur, à 4 fr. par jour	120	»
Huile, suif	25	»
Entretien	100	»
25 hommes à 2 fr. 50, pour 30 jours	1.875	»
TOTAL pour 3,000 hectolitres	2.914	»

Soit par hectolitre $\frac{2,914}{3,000}$ = 0 fr. 705.

Le prix de l'hectolitre obtenu avec batteuse à vapeur est de beaucoup inférieur à celui des machines à battre à manège ; mais il y a lieu de considérer aussi que ce genre de machine ne trouve son application que pour de très grandes exploitations et l'application à notre pays est fort rare.

Nous terminons l'examen des machines à battre en observant qu'il y aurait urgence d'examiner, par des expériences sérieuses, quel est le système de machines à battre qui donne le plus grand rendement par unité de force employée. En un mot, quel est le système qui exige le plus faible effort de traction.

Des expériences de traction furent faites à l'Exposition universelle de 1855, et on y constata que le travail développé par les chevaux employés aux expériences était de 44 kilogrammètres pour un laps de temps de une heure de travail environ, et que la quantité de blé produite était de 90 kilos.

Il fut aussi constaté que le travail absorbé pour la mise en marche des appareils était de 12 à 20 kilogrammètres suivant les divers systèmes de machine. Ce qui porte à environ de un quart à un demi du travail total celui absorbé pour mouvoir la machine à vide.

Ces expériences furent faites dans des conditions d'un travail anormal, en ce sens que les essais duraient peu de temps pour chaque machine et que dans ces conditions le moteur développait un travail plus considérable que la moyenne d'un travail journalier.

Nous pensons qu'il serait utile que le Comice agricole prît l'initiative des expériences à faire sur les machines à battre des divers systèmes, en vue de déterminer quel est le meilleur système au point de vue de l'utilisation rationnelle du travail moteur.

2° VENTILATEURS ET TRIEURS.

Le nombre d'exposants de ces instruments était considérable ; nous ne citerons que les principaux : MM. Presson, Dubreuil, Marot, Maréchaux, Pinel, Sentis et Verdun, Lotz, etc.

En général tous les ventilateurs exposés se résumaient à trois types :

Le type n° 1, qui est le plus complet, comprend le ventilateur, les tables à secousses pour le nettoyage et une partie du triage. Le cylindre trieur, placé au-dessous, complète l'opération.

Dans le type n° 2, semblable au n° 1, le cylindre trieur est remplacé par une table à forte inclinaison munie d'un crible qui remplit le même but mais avec moins d'efficacité.

Enfin le type n° 3, se composant simplement du ventilateur et des tables trieuses.

On peut dire en général que tous ces appareils ont donné d'assez bons résultats, et que les appareils des types n°s 1 et 2 sont ceux qu'il convient d'employer de préférence.

Les trieurs à alvéoles, tout récemment admis par nos agriculteurs pour le triage des blés de semence, étaient représentés par MM. Dubreuil, Presson, Marot, etc.

Leur ensemble nous offre des dispositions à peu près semblables. Des alvéoles de grosseurs décroissantes forment le cylindre trieur. Chacune des dimensions d'alvéoles a pour mission d'élaguer soit la terre, soit les graines qui se trouvent rejetées en partie vers le milieu du trieur et le reste en avant.

Les trieurs de M. Marot, avec émoteur à l'entrée du blé dans le cylindre, ont leur cylindre à alvéole terminé par un double cylindre pour opérer le triage des diverses qualités de blé. — Ces additions, qui ne sont en réalité que des complications inutiles, remplissent mal le but proposé.

Nous croyons cependant devoir recommander ces instruments aux agriculteurs pour le choix du blé de semence, et nous croyons que, lorsque cette mesure sera adoptée, on détruira en partie les impuretés qui se trouvent dans les récoltes de blé.

3e HACHE-PAILLES, COUPE-RACINES, CONCASSEURS, ETC.

Ces instruments étaient représentés au Concours par MM. Pernolet, Bouilly fils, Deschanel, Pialoux, Pinet, etc. Ils ne nous ont offert rien de nouveau comme disposition de mécanisme. Leur construction est devenue plus soignée, mieux étudiée au point de vue d'un bon rendement et des réparations.

4o FOULOIRS ET PRESSOIRS A VENDANGE.

Ces machines, comme vous le savez, deviennent aujourd'hui indispensables pour l'exploitation vinicole.

Le fouloir remplace avantageusement et d'une manière plus rapide le travail que l'on était obligé de faire avec les pieds et les mains. Quelques-uns de ces instruments sont suivis d'un cylindre égrappoir qui, en général, remplit mal le but proposé.

Nous avons remarqué les fouloirs Samain avec ressort de pression ; ceux de MM. Lotz, Planté, Pialoux. Ils sont tous à cylindre en fonte avec cannelure héliçoïde.

Les pressoirs à vendange, d'une utilité incontestable, vu le rendement qu'ils produisent, offrent, dans les divers types exposés, des variétés de mécanisme qui, à notre point de vue, s'écartent trop de la simplicité.

On peut dire, de tous les pressoirs, que quel que soit le moyen employé pour mouvoir l'écrou de la vis qui donne la pression, le rendement en vin de presse est le même pour tous les systèmes. Il y a donc intérêt : 1° au point de vue économique, 2° au point de vue des réparations ultérieures, à donner la préférence aux systèmes les plus simples, qui sont incontestablement le pressoir à barre et le pressoir à percussion.

Les pressoirs de M. Samain et Cie, dits à losange, présentent une bonne combinaison pour transmettre des pressions considérables ; mais ils ont aussi l'inconvénient, lorsque le losange est fermé, d'obliger d'arrêter la pression pour ouvrir ce dernier, et de faire descendre tout le système, afin de pouvoir continuer la pression. A dimension égale, ils sont beaucoup plus coûteux que les simples pressoirs.

Viennent ensuite les pressoirs Capelle, Planté, dans lesquels l'écrou se meut par engrenage et par levier à rochet. Ces derniers, plus simples de mécanisme, seraient d'un emploi plus rationnel, quoique cependant il est à craindre que les organes du mécanisme ne se dérangent encore assez souvent.

5° PRESSOIRS A BARRE ET A PERCUSSION.

Les premiers se composent d'une vis avec écrou, conduite par un plateau à cliquetage, à ancre ou à lanterne. Dans les seconds, l'écrou agit par le choc répété d'un volant. Ces pressoirs étaient représentés par MM. Pialoux, Boucheron jeune et fils et Mazères.

En général, les pressoirs étant conduits par des hommes qui ignorent les soins que réclame tout engin mécanique, il convient d'adopter les types les plus simples, qui ne sont sujets à aucun dérangement et dont le rendement est le même que ceux des autres types plus ou moins compliqués.

RAPPORT

Sur l'application des Instruments agricoles du Concours régional à l'agriculture de l'arrondissement d'Agen ;

PAR M. BERTHOMIEU-LAMER,

AGRICULTEUR A LAGARDE,

PRÈS SAINT - CAPRAIS - DE LERM, CANTON DE PUYMIROL.

Ce serait méconnaître la portée des Concours régionaux que de croire qu'ils n'ont d'autre but que de décerner des couronnes aux plus vaillants des agriculteurs, des primes aux plus habiles des éleveurs, et des marques honorifiques aux constructeurs les plus ingénieux. Il est d'autres enseignements qui doivent surgir de ces grandes assises de l'agriculture, par la recherche de tout ce qui peut aider au progrès agricole de la contrée où elles se sont tenues. Tel a été votre sentiment, Messieurs, et des Commissions ont été chargées d'en étudier les différentes parties.

D'autres vous ont déjà dit, avec l'autorité de hautes connaissances spéciales, et les splendeurs de nos animaux de travail et de rente, et aussi les efforts des constructeurs agricoles, en vous donnant une description savamment photographiée des machines exposées au Concours. Nous venons aujourd'hui vous entretenir de l'application de ces instruments à l'agriculture de nos contrées. C'est là une question qui trouve parmi tous les membres d'un Comice agricole des juges compétents ; aussi, ces appréciations nous venons les soumettre à votre discussion pour que de votre approbation ou des modifications que vous croirez devoir leur faire subir, ressorte leur valeur réelle, car elles auront alors la sanction et de votre savoir et de votre expérience.

Machines d'intérieur de Ferme.

D'après le programme du Concours étaient seules admises aux expériences d'essais devant le jury les machines qui dépiquaient et vannaient tout à la fois. Elles se divisaient en machines mues par la vapeur et en machines mises en mouvement par les attelages.

Machines à Vapeur.

L'étude approfondie de ces grands engins, au point de vue de leur application à l'agriculture de nos contrées, ne nous paraît pas d'une utilité bien impérieuse. Leur prix très élevé, la nécessité d'ouvriers spéciaux, joints au morcellement de notre sol, nous donnent à penser qu'elles ne pourraient trouver leur emploi que dans l'association de grands propriétaires voisins, ou dans des entreprises de battage ; et encore ces entreprises pourraient-elles ne pas être appelées à rendre de bien grands services. Les difficultés de locomotion de ces grandes machines, les longs parcours pour aller chercher un travail qui ne peut jamais aller à la machine et qui est toujours une source de perte de temps, tous les ennuis et les embarras que donnent trop souvent à l'agriculteur et l'attente de la machine, et les cas fortuits, et le soin de se procurer à jour fixe un grand nombre d'ouvriers supplémentaires ; tous ces inconvénients ne seraient-ils pas autant d'obstacles à la prospérité de l'entreprise ? La question sera toute différente, si jamais les constructeurs parviennent à fabriquer de petites machines peu coûteuses, faciles à faire circuler sur nos chemins ruraux, d'une conduite à la portée d'une intelligence ordinaire, et dont on puisse appliquer la force motrice à d'autres travaux qu'à ceux du dépiquage qui ne durerait guère avec ce nouvel agent que de quatre à six jours au plus.

Machines à Manège.

L'ensemble de ce groupe était formé par des machines battant les gerbes présentées par bout et projetant la paille en avant de la batteuse ;

Par des machines battant aussi les gerbes par bout mais projetant la paille en arrière de la batteuse ;

Et enfin par des machines dépiquant les gerbes présentées en travers et projetant la paille en avant.

Aucune de ces machines ne ne nous a paru présenter des avantages tels qu'elles puissent être signalées aux agriculteurs. Toutes, à de bien rares exceptions, offrent d'abord le même défaut : c'est que les bras de levier du manége étant trop courts, la résistance à vaincre se trouve plus grande, et puis la circonférence de la piste n'étant pas assez développée, les attelages, surtout les bœufs accouplés, y éprouvent une gène qui nuit à la production de la force et à la durée du travail. Et cependant toute leur force devrait pouvoir être facilement utilisée, car pour obtenir par la même machine, réduite à des proportions qui la rendent aisément locomobile, le battage et le vannage simultané, il a fallu augmenter le nombre des engrenages, soit pour mettre en mouvement le batteur et le vanneur, soit pour faire manœuvrer d'autres organes qui élèvent le blé dépiqué pour le porter au-dessus du cribleur. Nous devons toutefois bien expliquer ici que cette appréciation de déploiement de força n'est basée que sur ce qui nous a semblé résulter *de visu* des efforts faits par les attelages, n'ayant pu en avoir la constatation mathématique. Mais nous croyons bien pouvoir affirmer que les animaux employés à la mise en action du manége devraient être remplacés au moins chaque deux heures, et encore faudrait-il, pendant ce laps de temps, leur donner des moments de repos de cinq à dix minutes. Toutes ces machines offrent aussi un petit surcroît de manœuvre. L'ouverture de la batteuse se trouvant sur la partie supérieure de la machine en surélévation du sol de deux mètres à deux mètres et demi, il faut élever à cette hauteur, si non toutes, au moins une grande partie des gerbes.

Si nous passons maintenant à l'appréciation du travail effectif de ces machines, nous n'aurons encore à vous offrir, Messieurs, que des données approximatives : nous ne les croyons pas toutefois très éloignées de la vérité.

Toutes ont mis environ six minutes pour dépiquer dix gerbes composées exclusivement de pieds de blé dont les épis ne différaient point de ceux récoltés dans notre contrée. D'après notre jugement, le rendement de ces dix gerbes était d'environ vingt-cinq litres de blé pur : or, nous savons tous que dix gerbes de blé, telles que les cultivateurs les font ici, rendent ordinairement cent litres de blé pur.

Si donc, pour dépiquer dix gerbes rendant vingt-cinq litres de blé, il faut à ces machines six minutes; pour dépiquer dix gerbes de blé rendant cent litres qui contiennent quatre fois vingt-cinq litres, il faudra quatre fois six minutes, soit vingt-quatre minutes. Si nous tenons maintenant compte des temps d'arrêt inévitables dans un travail de dix à douze heures, on ne sera pas, croyons-nous, bien au-dessous de la vérité en établissant que ces machines ne pourront guère donner par heure que deux hectolitres de blé, soit vingt à vingt-quatre hectolitres par journée de travail. Quant au nombre d'ouvriers que peut nécessiter leur service, nous n'avons pas cru qu'il pût être bien supérieur à celui que demande une simple machine à battre.

Toutes ces machines, du reste, ne laissaient point de blé dans les épis ; celles qui battaient par bout donnaient à la paille ce froissement auquel nous a accoutumés l'emploi du rouleau. Celles, au contraire, qui battaient en travers lui laissaient toute sa rigidité. La projection de la paille en avant avait lieu comme dans les machines ordinaires; dans celles à projection en arrière, au moyen de palettes mobiles placées dans l'intérieur du coffre pour secouer la paille tout en la poussant en dehors, il nous a semblé qu'il pourrait y avoir à craindre l'engorgement du coffre au-dessous de ces palettes, par le fait des menues pailles pour la sortie desquelles nous n'avons pas su voir d'issue simplement ménagée.

De toutes ces machines celle de M. Pinet nous a paru la plus pratique, non pas qu'elle ait résolu le problème d'une seule machine dépiquant et vannant, puisque ce sont deux machines séparées mues par le même manège et disposées de manière à fonctionner simultanément; mais si le constructeur a passé un peu à côté du problème, il offre toujours au cultivateur deux instruments dont il pourra se servir à sa satisfaction, soit séparément, soit simultanément, s'il ne recule pas devant les frais d'installation ou si une déclivité de terrain vient à son aide. C'est, du reste, la machine qui nous a paru exiger le moins de déploiement de force de la part des attelages.

Ventilateurs et Trieurs.

Si les machines dépiquant et vannant ne nous ont point paru répondre d'une manière absolue aux désirs des agriculteurs, nous ne pouvons penser qu'il en soit de même des ventilateurs et des trieurs de blé.

D'un emploi plus facile, d'un prix abordable pour un plus grand nombre, les ventilateurs surtout rendent de tels services qu'il est à regretter que leur usage ne soit pas plus répandu. Avec eux l'ouvrier qui vanne n'est plus à la merci du vent, perdant son temps à espérer son souffle ou à recommencer un travail qu'un caprice l'oblige à refaire, tout en recevant sur lui et les impuretés et la poussière qui se trouvent mêlées au grain. Avec le ventilateur, deux ouvriers, trois au plus, suffisent pour débourrer de douze à quatorze hectolitres de blé, dans l'espace d'une heure et demie à deux heures environ, sans être esclaves du vent, sans avoir les organes de la respiration péniblement affectés, et en obtenant des balles tellement dégagées et de la poussière et des impuretés qu'elles constituent une bonne nourriture pour le bétail pendant l'hiver.

Parmi tous les ventilateurs, les plus simples nous ont paru être ceux qui devaient de préférence être recommandés aux agriculteurs de nos contrées. Quel est, en effet, le but à atteindre : c'est d'avoir du blé marchand. Pour y arriver, un ventilateur avec cribles et tables percées, ou cylindre en fil de fer, lui suffit en y passant le blé une première fois avec la grille à débourrer, et une deuxième avec une grille à mailles plus serrées. Le ventilateur à cylindre en fil de fer placé sous la trémie nous parait supérieur à celui à table percée et formant plan incliné. Dans le premier, le grain parcourt un plus grand espace, pendant lequel il peut mieux se dégager des impuretés, et puis le cylindre est d'un nettoyement plus facile que la table. Quelques coups de balai ou de brosse donnés sur la longueur suffisent pour faire tomber tout ce qui se trouve engagé entre les fils de fer, et cela sans détacher le cylindre.

Si maintenant nous passons à de plus grandes exigences pour le nettoyement du blé, soit pour la mouture, soit pour la semence, les trieurs à alvéoles nous paraissent des instruments parfaits, enlevant entièrement tout ce qui n'est pas grain de blé, ressource précieuse pour nos blés de semence. Aussi ne saurions-nous trop encourager ceux qui déjà ont eu l'idée, vers l'époque des emblaves, de parcourir la campagne avec un de ces trieurs, offrant aux cultivateurs de trier leur blé de semence, moyennant une petite rétribution. La grande quantité de travail qui leur est advenue est le meilleur éloge que l'on puisse faire de cet instrument.

Les hache-paille et les coupe-racines étaient aussi bien représentés au Concours. Avec le hache-paille, l'économie de la paille est grande lorsqu'on est obligé, comme cette année, de ne l'employer qu'à la nourriture du bétail. Coupée menue et donnée dans des baquets avec un peu de son, le bétail ne laissera rien perdre, et à ce point de vue nous ne pouvons être dans l'erreur en le recommandant pour cet hiver à l'attention des agriculteurs.

Le coupe-racine, hélas! ne sera pas, c'est bien à craindre, d'un besoin aussi impérieux pour l'hiver prochain, mais nous savons tous que lorsque la récolte de racines est abondante, il rend d'excellents services.

Les appareils pour faire cuire les racines fourragères, pouvant aussi servir à faire macérer les feuilles que la rigueur de la saison nous oblige à mettre en réserve pour la nourriture hivernale du bétail, peuvent rendre de si précieux et utiles services que nous ne pouvons oublier de leur accorder une sérieuse attention.

Instruments d'extérieur de Ferme.

Avant de vous entretenir, Messieurs, des quelque rares instruments d'extérieur de ferme soumis aux expériences devant le jury et qui peuvent trouver utilement leur place dans la culture de nos contrées, permettez-moi de vous présenter quelques considérations générales sur leur emploi.

Qu'on les nomme *Extirpateur*, *Scarificateur*, *Houe*, *Herse*, aucun n'est construit dans le but de faire, proprement dit, le guéret. C'est à la charrue seule, le premier et le plus plus utile de nos instruments agricoles, qu'incombe cette tâche. Les autres ne peuvent être efficacement employés que lorsque la charrue leur a bien préparé le terrain, nous entendons par là lorsque le labour a été fait à une profondeur de 0, 20 à 0, 30 centimètres, et d'une manière parfaitement régulière, en ajustant exactement chaque trait de charrue et en la dirigeant de façon que le soc porte parfaitement à plat sur le sous-sol afin d'éviter de laisser ce que dans le pays on nomme des coussins, en langage du métier. Alors seulement l'usage des instruments dont nous nous occupons peut devenir facile et utile. Le but que l'on veut atteindre par leur emploi n'est point d'approfondir la couche arable, mais selon les divers organes dont ils sont pourvus et qui peuvent être changés en vue de leurs différentes opérations, c'est de couper les racines pivotantes tout en désagrégeant de la terre les racines des plantes nuisibles, pour les faire périr ; ou de remuer simplement la terre pour la diviser, la pulvériser, l'aérer, faciliter l'absorption des eaux pluviales et permettre aux racines des récoltes de s'étendre en s'appropriant, dans ce sol ainsi préparé, tous les sucs nécessaires à leur croissance.

Le mode de labourage généralement adopté dans nos contrées rend-il facile l'emploi de ces instruments ? Nous ne le pensons pas ; ce n'est que dans l'exception qu'ils peuvent être utilisés.

Le labourage à billons d'une largeur de 1 mètre à 1 mèt. 50 qui est la règle générale, ne prédispose la terre aux travaux des extirpateurs et des scarificateurs, que lorsque le champ a été labouré 3 fois. Le labourage à planche ou à prise, pour me servir de l'expression du pays, et qui est l'exception, dispose seul le terrain, dès le premier coup de charrue, au passage de ces instruments dans la couche arable. Alors ils peuvent rendre de grands services et par l'économie et par l'énergie du travail. C'est à l'agriculteur de juger si la nature du terrain qu'il cultive lui permet le labourage à plat, et dans ce cas, il est positif que les extirpateurs, les scarificateurs, ne peuvent que lui être très utilement conseillés ; à la condition toutefois que de puissants attelages seront employés, surtout dans les coteaux, à la traction de quelques-uns d'entre eux.

Les instruments qui portent le nom d'extirpateurs, de scarificateurs et de houes à cheval, sont tous construits pour arriver au but que nous venons de signaler : destruction des plantes adventices et pulvérisation du sol. Ils ne diffèrent entre eux que par leur dimension et la nature diverse de leurs organes.

Sur un bâti triangulaire en bois ou en fer, ayant une base de 1, 50 à 2 mètres, se trouvent boulonnées cinq à sept tiges de fer terminées soit par des socs en forme de fer de lance qui, dans la marche de l'instrument, reposent sur le sous-sol, soit par le même nombre de coutres épais en forme de cercle, à la pointe aiguë ou semi-ovoïde, portant parfois deux fortes rainures longitudinales dont les bords forment alors trois arêtes pour agir avec énergie dans l'intérieur du guéret.

Armé de socs, c'est un extirpateur.

Muni de coutres, c'est un scarificateur.

Les mêmes dispositions, mais dans des proportions plus restreintes, s'appliquent à la houe à cheval qui, elle aussi, a besoin d'un guéret profond et régulièrement travaillé pour pouvoir agir efficacement. Sans cela l'instrument glisse, va à droite, à gauche, ou court le risque de se casser, si on le force, pour prendre sa stabilité, de mordre dans le sous-sol.

Nous n'entrerons point ici, Messieurs, pas plus que nous n'y sommes entrés au sujet des instruments d'intérieur de ferme, dans l'examen partiel de chacun des instruments soumis aux expériences. Nous ne saurions être un meilleur juge que nos honorables collègues MM. Mazères et Vielle. Leurs rapports sont trop complets et donnent des indications trop exactes pour que nous puissions être un meilleur guide auprès des agriculteurs qui voudraient se munir de quelques-uns de ces instruments. Nous ne nous occuperons que de ceux dont nous croyons pouvoir utilement recommander l'emploi en tenant compte de notre mode de labour à billons. Ils sont rares, mais enfin nous pouvons toujours citer comme instrument de premier mérite, la houe présentée par notre honorable président, M. Bonhomme.

Un bâti triangulaire en bois, pouvant s'élargir et se rétrécir partout, à son sommet un régulateur américain, armé à la suite de deux coutres aux pointes acérées et à lames tranchantes, puis, vers le milieu des deux côtés du bâti, deux petits socs et enfin, à la partie qui forme la base du triangle, une lame de fer posée à plat comme dans une ratissoire, tel est l'instrument.

Ce qui fait surtout son mérite, c'est sa solidité dans le sol, et c'est aussi ce qui nous porte à croire que, malgré notre genre de labour à billons, il peut être employé avec beaucoup d'avantages.

Cette solidité, croyons-nous, provient des deux petits coutres placés à l'avant; leurs pointes acérées pénètrent dans le sous-sol, pas assez pour y former une trop forte résistance, mais assez cependant pour fixer l'instrument au sol et l'empêcher de dévier à droite ou à gauche. C'est donc un instrument qui peut travailler dans l'intervalle qui sépare deux billons. Il mord le sous-sol, qui y est presque toujours à découvert, pour y établir son point d'appui, tandis que les deux petits socs placés au milieu des deux côtés du bâti, donnent un petit labour à la terre amoncelée par la charrue pour former les billons, et que la ratissoire placée à l'arrière détruit les mauvaises herbes; et l'on peut, selon que l'on dispose les deux petits versoirs, ou former un petit billon ou creuser un petit sillon. Il y a là un fort bon instrument, pouvant être très utile dans nos cultures de maïs, pommes de terre, colza, etc., etc., enfin, toutes les fois que l'on ne sème la plante que sur le sommet du billon.

De toutes les autres houes à cheval, les plus méritantes étaient celles qui avaient des pieds armés de petits socs en fer de lance ou en forme de croissant, celui-ci placé un peu obliquement à la ligne de tirage.

Il est parfois assez difficile, dans des travaux d'expérimentation, de bien se rendre compte de la valeur d'un instrument dont l'aptitude varie souvent suivant la qualité ou la disposition du terrain. Sur le champ d'essais, toutes les herses qui étaient construites en vue d'opérer sur une terre bien travaillée, et par conséquent dans d'excellentes conditions pour leurs opérations, ont été très remarquables, mais il est juste de considérer que le champ des expériences avait été bien labouré, que les extirpateurs, scarificateurs, y avaient été essayés et que le sol était bien ressuyé. Dans ces conditions il les aurait fallu bien défectueuses pour ne pas bien opérer. Nous devons toutefois reconnaître que pour le hersage à plat et pour recouvrir les semences surtout, la herse à compartiments reliés par des crochets, est un instrument supérieur et qu'il est probable, car nous ne l'avons pas vu essayer dans ces conditions, qu'elle ferait aussi un bon travail sur des billons dont elle peut embrasser la forme, pourvu que la terre fût de consistance pas trop résistante. Dans les terrains gras, comme dans nos terres où l'élément argileux domine, les dents de ces herses ne pourraient pénétrer; il leur faudrait plus de poids et des pointes tranchantes et inclinées en arrière ; c'est pour les terrains de cette nature qu'avait été construite une herse dont l'auteur (M. Andouan) avait trop exagéré la disposition, mais qui, avec quelques légères modifications, peut devenir un bon instrument pouvant également servir pour le hersage à plat ou à billon.

C'est aussi un fort bon outil que la herse de M. Capelle. Elle donne aux luzernes un sarclage énergique et assez profond, croyons-nous, pour que, répété pendant l'hiver, il détruise au moins en partie les chrysalides du *colapsis atra*. Il pourrait aussi être employé dans les prairies pour enlever la mousse.

Quant aux instruments dits buttoirs pour la vigne, ils émanent d'une bonne idée, mais elle a besoin de se développer, car les outils qu'elle a produits jusqu'ici laissent à désirer.

Telles sont, Messieurs, les appréciations que nous avons l'honneur de vous soumettre sur ceux des instruments choisis d'après le programme pour être essayés et que nous avons cru pouvoir offrir quelque intérêt aux cultivateurs de nos contrées.

Tout ce qui avait rapport à la viticulture avait été écarté, et nous croyons bien être l'interprète de vos sentiments en en consignant ici vos regrets. Ils peuvent être d'autant plus vifs que cette partie de l'exposition ne manquait pas d'intérêt et nécessiterait des détails qui finiraient par dépasser les bornes de ce rapport ; qu'il nous soit permis toutefois, Messieurs, de dire les progrès remarquables qu'ont faits les constructeurs dans la fabrication de tous les instruments propres à la viticulture et à la vinification : charrues vigneronnes, fouloirs, pressoirs, égrappoirs, témoignaient de leur savoir et de leur intelligence. La tonnellerie d'Agen et de ses environs s'affirmait brillamment par le fini et la solidité de ses vaisseaux vinaires. Ici, c'étaient des bondes ingénieuses ; là, des robinets disposés de manière à ce que le métal ne se trouve presque plus en contact avec le liquide, et puis, toute une série de perfectionnements plus ingénieux les uns que les autres, apportés aux instruments destinés au soutirage du vin et qui dénotent chez leur auteur, M. Deffez, de Nérac, un esprit aussi observateur que pratique. Ce sont aussi les mêmes qualités qui ont présidé à la construction d'un appareil propre à la distillation et aussi au chauffage des vins, dont l'idée revient à un de nos honorables collègues, M. Bez. Notre étude a été toute théorique, n'ayant pu voir fonctionner l'instrument qui, du reste, pour être apprécié à sa juste valeur, demanderait des connaissances devant lesquelles notre savoir s'incline. Mais notre examen nous porte toutefois à reconnaître qu'il mérite d'être sérieusement étudié par des hommes compétents. S'il tient ce qu'il promet, et rien ne nous fait préjuger le contraire, c'est un instrument précieux, surtout par le peu d'élévation de son prix relativement à tous les services qu'il peut rendre.

Ici finit notre tâche. L'aurons-nous remplie à la satisfaction de tous ? Nous n'osons l'espérer, Messieurs. Obligé de suivre, pour vous en rendre compte, les expériences faites devant deux Commissions officielles distinctes : celle des instruments d'extérieur et celle des instruments d'intérieur de ferme, qui presque toujours opéraient aux mêmes heures et à d'assez grandes distances, il nous était impossible d'être présent partout ; de là des observations qui peuvent bien être incomplètes, malgré le soin que nous avons apporté à leur exactitude dans la limite de nos connaissances. Ce sera notre excuse auprès des plaignants.

Avant de terminer, nous avons à prier le Comice de vouloir bien se joindre aux membres des différentes Commissions dans l'expression de leurs sentiments de gratitude envers M. l'Inspecteur général d'agriculture et MM. les membres des divers jurys, pour leur bienveillante courtoisie à notre égard. Ce n'a point été certainement pour nous un sujet d'étonnement. Dans toutes les questions qui touchent à l'agriculture, nous comprenons que les éminents promoteurs du progrès voient avec bienveillance ceux qui cherchent à marcher sur leur trace ; ils savent que le progrès agricole, tout en ayant une heureuse influence sur l'intérêt individuel, est aussi intimement lié à un sentiment plus élevé, dont on ne saurait trop encourager les élans ; car c'est de lui que jailliront toujours les sources les plus vives de la prospérité et de la grandeur de la France.

6 Août 1870.

TABLE DES MATIÈRES

Agen, imprimerie de Prosper Noubel

www.ingramcontent.com/pod-product-compliance
Lightning Source LLC
LaVergne TN
LVHW020047170826
845678LV00001B/472

* 9 7 8 2 3 2 9 6 8 5 2 0 5 *